高等院校高职高专艺术设计类"十三五"规划教材

GRAPHIC & IMAGE PROCESSING
PHOTOSHOP

Photoshop图形图像处理

主　编　范　玲　卫向虎
副主编　刘　骏

U0351519

中国海洋大学出版社
·青岛·

图书在版编目（CIP）数据

Photoshop图形图像处理 / 范玲，卫向虎主编. —青岛：中国
海洋大学出版社，2014.1（2017年8月重印）
ISBN 978-7-5670-0530-3

Ⅰ．①P… Ⅱ．①范… ②卫… Ⅲ．①图像处理软件 Ⅳ.
①TP391.41

中国版本图书馆CIP数据核字(2014)第 003622 号

出版发行	中国海洋大学出版社		
社　　址	青岛市香港东路 23 号	**邮政编码**	266071
出版人	杨立敏		
网　　址	http://www.ouc-press.com		
电子信箱	tushubianjibu@126.com		
订购电话	021-51085016		
责任编辑	王积庆	**电　　话**	0532-85902349
印　　制	上海长鹰印刷厂		
版　　次	2014 年 1 月第 1 版		
印　　次	2017 年 8 月第 2 次印刷		
成品尺寸	210 mm×270 mm		
印　　张	7		
字　　数	233 千字		
定　　价	42.00 元		

前　言

随着电脑技术不断发展，设计从最早的手绘到现在利用平面设计软件来完成各种创意，平面设计软件的学习也越来越受到学生和众多从业人员的追捧。Photoshop是Adobe公司旗下最为出名的图像处理软件之一。Photoshop的应用领域广泛，包括平面设计、照片修复、广告摄影、影像创意等方面，作为目前最主要的平面设计软件之一，Photoshop软件的学习运用非常必要。

本教材通过全新的写作手法和写作思路，读者在阅读和学习本书之后能够快速掌握Photoshop，真正成为使用Photoshop的行家里手。本教材编写主要有三大特色：一、编写思路清晰。教材编写按照总—分—总的关系进行安排，让读者对软件有个宏观了解，然后详细学习，最后达到综合运用的效果。二、知识点的处理。Photoshop软件工具的功能非常庞杂，教材进行了详细的梳理、归类，按照案例制作的需要，进行逐步介绍，便于读者接受。三、教材案例的选择具有市场性。案例的设计安排亦完全遵循学习规律，由简到难，由浅入深。另外案例制作步骤详尽，通过实例的演练，读者可以融会贯通，举一反三，并且能够灵活、快捷地应用软件进行艺术创作。本教材以Photoshop CS3中文版为制作平台，但实际上本书讲述的内容与软件版本联系并不十分紧密，即使读者使用的是最新的Photoshop CS6，也完全可以使用本书进行学习，并同样能够在设计理念与手段方面得到收获。

本书的创作团队有着严谨的学术作风、扎实的理论基础和丰富的专业知识，在艺术设计领域多次发表作品，也为大型企业和公司设计制作了大量的形象广告和宣传品。本教材在编写过程中，吕游、周睿提供了大量的素材并做了大量的工作，在此表示感谢。

限于作者自身的水平，书中难免会有不足之处，望大家指正，以期共同进步。

编者
2013年11月

内容简介

　　本书共六章：从Photoshop软件界面的认知开始讲起，以循序渐进的方式详细解读图像基本操作、选区、图层、绘画、颜色调整、路径、文字、滤镜、动作等功能，深入剖析了图层、蒙版和通道等软件核心功能与应用技巧，内容基本涵盖了Photoshop的工具和命令。书中精心安排了具有针对性的实例，不仅可以帮助读者轻松掌握软件使用方法，更能应对数码照片处理、平面设计、特效制作等实际工作需要。本书适合开设平面设计课程的艺术院校教学，也适合从事平面设计工作的人员阅读、参考。

参考课时与安排　　　　　　　　　　　　　　　　总课时：58学时

章　节	内　容	建议课时	
		理　论	实　践
第1章	Photoshop软件功能介绍	2	2
第2章	Photoshop软件工具的介绍	4	8
第3章	图层介绍	3	7
第4章	图像调整与蒙版通道	3	7
第5章	滤镜与动作	3	7
第6章	综合案例	4	8

目　录

C o n t e n t s

第1章　Photoshop 软件功能介绍

学习内容：本章主要介绍 Photoshop 软件的工作界面，与 Photoshop 软件相关的概念，以及 Photoshop 软件的运用领域。

学习重点：基本了解 Photoshop 软件的界面及相关概念。

学习难点：准确理解相关概念，重点掌握位图与矢量图的区别。

1.1 Adobe Photoshop 介绍

Photoshop 是 Adobe 公司出品的数字图像编辑软件，是迄今在 Macintosh 平台和 Windows 平台上运行最优秀的图像处理软件之一。Photoshop 强大的功能和无限的创意空间使得设计师对它爱不释手，并通过它创作出了难以计数的、神奇的艺术珍品。Photoshop 套件的使用可以帮助 Web 设计人员、摄影师和视频专业人员更为有效地创建高质量的图像。Photoshop 甚至能支持数码相机的 RAW 模式，自动匹配颜色，即时查看直方图调色板，建立镜头模糊效果。Photoshop CS 可以直接输出 Flash，输出 HTML 代码，还具有使用 Web Content 调色板创建和编辑交互式元素，使用参数和数据设置建立动态内容等功能。

1.2 Photoshop 工作界面简介

1.2.1 标题栏

Photoshop 的启动方式与其他软件相同，通过任务栏"开始"—"所有程序"—"Photoshop"程序，或者双击桌面上 Photoshop 的快捷方式图标，即可进入 Photoshop 的工作界面。其界面由 7 个部分组成，即标题栏、菜单栏、工具箱、工具属性栏、浮动面板、图像编辑区和状态栏。当我们打开一张图片，图片最上方同样也会有一个标题栏，它除了同工作界面标题栏有同样控制作用外，还显示出当前图片的"色彩模式"、"图层状态"等，被称为图片标题栏，如图 1-2-1 所示。

图 1-2-1

1.2.2 菜单栏

菜单栏位于界面标题栏的下方,是 Photoshop CS 的重要组成部分。Photoshop CS 将绝大多数功能命令分类并分别放置在 9 个菜单中。菜单栏包括"文件"、"编辑"、"图像"、"图层"、"选择"、"滤镜"、"视图"、"窗口"和"帮助"9个菜单,如图 1-2-2 所示。只要单击其中某一菜单,即会弹出一个下拉菜单,里面包括和当前所点击的主菜单相关的命令,如果某命令为浅灰色,则表明该命令在目前状态下不能执行。命令右边的字母组合代表该命令的快捷键,在键盘上按下快捷键即可以同样执行该命令。有的命令后面带有省略号,则表示点击该命令后,会有对话框出现,可在对话框中具体定义该命令。

| Ps | 文件(F) | 编辑(E) | 图像(I) | 图层(L) | 选择(S) | 滤镜(T) | 视图(V) | 窗口(W) | 帮助(H) | 菜单栏 |

图 1-2-2

1.2.3 工具箱

工具箱是我们在设计制作中用得最多的部分,是图像编辑所需工具的聚集地。在系统默认情况下,工具箱位于界面窗口的最左边,工具栏及其名称如图 1-2-3 所示(以 Photoshop CS3 版本为例)。当然,我们可以将鼠标放置在工具箱上部的蓝色条处,按左键拖移到我们需要放置的任意位置。如果在工具下方有一个黑色小三角形,则表示该工具位置还有其他工具,只要按住它不放或右击该工具,即弹出工具组,可从中选择所需工具,如图 1-2-3 所示。如果在工具上停留片刻,会出现工具提示,括号内的字母则表示该工具的快捷键。

移动工具
矩形选框工具
套索工具
魔棒工具
裁剪工具
切片工具
污点修复画笔工具
画笔工具
仿制图章工具
历史记录画笔工具
橡皮擦工具
渐变工具
涂抹工具
加深工具
钢笔工具
文字工具
路径选择工具
椭圆工具
附注工具
吸管工具
抓手工具
缩放工具

前景、背景

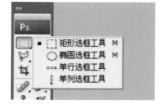

图 1-2-3

1.2.4 工具属性栏

工具属性栏是用来设置工具的各项属性，在默认状态下，工具属性栏位于菜单下方，可以运用移动工具箱的方法将其调整到合适位置。当我们选择了工具箱中的一个工具后，工具属性栏所显示内容会随所选工具而改变，如图 1-2-4 所示。

1.2.5 浮动面板

Photoshop CS 提供了 14 个控制面板，并按照功能分类组合在一起，通常是浮动在图像的上方，而不会被图像覆盖，在默认状态下，放置在屏幕的右侧。我们也可以通过拖移将浮动面板放置到屏幕中需要放置的任何地方，如图 1-2-5 所示。

裁切工具栏属性

橡皮擦工具栏属性

图 1-2-4

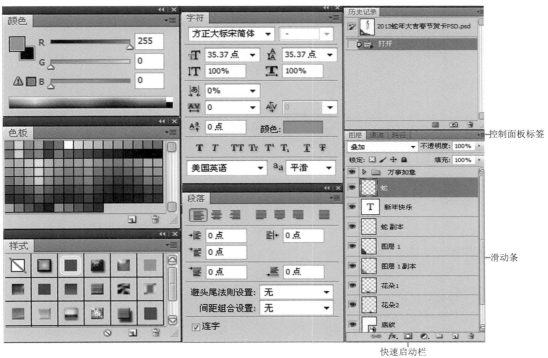

图 1-2-5

1.2.6 图像编辑区

图像编辑区是图像文件的显示区域，也是可以编辑或处理图像的区域，如图 1-2-6 所示。将鼠标指向标题栏并按住左键拖移，即可拖动图像窗口到所需位置。将鼠标指向窗口的四个角或四条边，当光标呈双箭头状时按住左键拖动即可缩放图像窗口。

1.2.7 状态栏

在 Photoshop CS 中，状态栏位于图像编辑区的最下方或工作界面的最下方（最大化显示图像编辑区），如图 1-2-7 所示。状态栏作用是显示与当前所编辑图像状态有关的信息。单击状态栏上的黑色小三角，会弹出状态信息菜单，可自由选择所显示的状态信息。在状态栏上按住鼠标不放，则可显示打印预览窗口，显示出打印图片和纸张的比例关系。

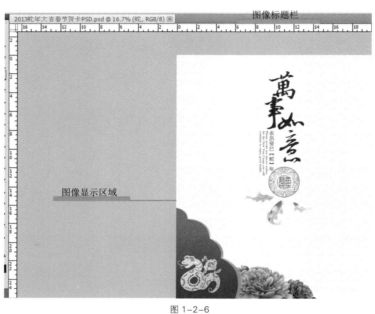

图 1-2-6

图像显示比例 **16.67%** 　文档:20.8M/64.3M 　▶ 图像所占空间

图 1-2-7

1.3 图像处理的基本概念

1.3.1 像素和分辨率

1.3.1.1 像素
在计算机绘图中，像素是构成图像的最小单位，越高位的像素，拥有色板越丰富，就越能表达颜色的真实感。

1.3.1.2 分辨率
常见的分辨率主要分 4 类：第一类为图像分辨率，第二类为输出分辨率，第三类为位分辨率，第四类为显示器分辨率。

（1）图像分辨率。

图像分辨率是指图像中每单位打印长度显示的像素数目，通常用"像素／英寸"来表示。

高低分辨率的区别在于图像中包含的像素数目，相同打印尺寸下，分辨率越高，图像中像素数目越多，像素点越小，保留的细节就越多。因此在打印图像时，高分辨率比低分辨率图像能更详细精致地表现图像中细节和颜色的转变，如果用较低的分辨率扫描图像或是在创建图像时设置了较低的分辨率，以后即使再提高分辨率，也只是将原始像素信息扩展为更大数量的像素，这样操作几乎不会提高图像的品质。如果分辨率很高，则会占用很大内存。

在实际应用中，应根据自己需要来设置分辨率，像网页中一般就设定"72 像素／英寸"即可，印刷彩色图片时一般将图像分辨率设置为"300 像素／英寸"。

（2）输出分辨率。

输出分辨率是指激光打印机或照排机等输出设备在输出图像时每英寸所产生的油墨点数，单位通常用"像素／英寸"来表示。

（3）位分辨率。

位分辨率是用来衡量每个像素所保存的颜色信息的位元素。例如一个 24 位的 RGB 图像，表示其各原色 R、G、B 均使用 8 位，三原色之和为 24 位。RGB 图像中，每一个像素均记录 R、G、B 三原色值，因此每一个像素所保存的位元素为 24 位。

（4）显示器分辨率。

显示器分辨率是显示器中每单位长度显示的像素数目，单位以"点／英寸"来表示。常用普通屏的显示器为 1024 像素 ×768 像素，宽屏为 1366 像素 ×768 像素，也就是显示器中每单位长度显示的像素数目水平分布了 1024 个像素或 1366 个像素，垂直分布了 768 个像素。

1.3.2 矢量图与位图

1.3.2.1 矢量图

矢量图也称为面向对象的图像或绘图图像，像 CorelDraw、Illustrator、AutoCAD 等软件都是以矢量图形为基础进行创作的。矢量文件中的图形元素称为对象，每个对象都是一个自成一体的实体，它具有颜色、形状、轮廓、大小和屏幕位置等属性。既然每个对象都是一个实体，那么就可以在维持它原有清晰度和弯曲度的同时，多次移动和改变它的属性，而不会影响其他对象。这些特征使矢量图特别适用于图列和三维建模，因为它们通常要求能创建和操作单个对象。矢量的绘图同分辨率无关，因此矢量图以几何图形居多，图形可以无限放大，不变色、不模糊。常用于图案、标志、VI、文字等设计，如图 1-3-1 所示。

矢量图的优点：文件小，图像可编辑，图像放大或缩小不影响图像的分辨率，图像的分辨率不依赖于输出设备。

矢量图的缺点：逼真度低，要画出自然度高的图像需要很多的技巧。

图 1-3-1

1.3.2.2 位图

位图又称栅格图像，也称为点阵图像，是由像素的单个点组成的。这些点可以进行不同的排列和染色以构成图样。当放大位图时，可以看见赖以构成整个图像的无数个方块。由于位图图像是以排列的像素集合体形式创建的，所以不能单独操作（如移动）局部位图。

点阵图像与分辨率有关，即在一定面积的图像上包含有固定数量的像素。因此，如果在屏幕上以较大的倍数放大显示图像，或以过低的分辨率打印，位图图像会出现锯齿边缘，如图 1-3-2 所示。

图 1-3-2

位图的优点：图像质量高，图像编辑、修改较快。

位图的缺点：文件大，图像元素对象编辑受限制较大，图像质量取决于分辨率，图像的分辨率依赖于输出设备。

总之，矢量图和位图没有好坏之分，只是用途不同而已。因此，整合位图图像和矢量图形的优点，才是处理数字图像的最佳方式。到底是用矢量图还是位图，应该根据应用的需要而定。

1.4 常用图像格式和图像颜色模式

1.4.1 常用图像格式

Photoshop 支持很多文件格式，既包含矢量图形又包括位图图像。学习一些常用图像格式可以帮助我们在多个设计软件中跨平台操作。在 Photoshop 中，常见的格式有 PSD、BMP、PDF、JPEG、GIF、TGA、TIFF 等。

1.4.1.1 PSD格式

PSD 格式是 Photoshop 的专用格式，它能保存图像数据的每一个细节,确保图层之间相互独立便于以后进行修改。PSD 格式可以比其他格式更快速地打开和保存图像，很好地保存层、通道、路径、蒙版以及压缩方案而不会导致数据丢失。但是由于要保存的东西很多，它的文件很大，在这种文件格式中只能保存图层不能保存选区。

1.4.1.2 BMP格式

BMP 格式最典型的应用就是 Windows 的"画图"程序。BMP 是用于 Windows 和 OS/2 的位图（Bitmap）格式，文件几乎不压缩，占用磁盘空间较大，它的颜色存储格式有 1 位、4 位、8 位及 24 位，支持 RGB、索引颜色、灰度颜色模式的图像，但不支持 Alpha 通道。Windows 环境下的图像处理软件都支持该格式，因此，该格式是当今应用比较广泛的一种格式。

1.4.1.3 PDF格式

PDF（Portable Document Format）是由 Adobe Systems 创建的一种文件格式，允许在屏幕上查看电子文档。PDF 文件和 BMP 格式一样不支持 Alpha 通道，PDF 格式支持 JPEG 和 ZIP 压缩，还可被嵌入 Web 的 HTML 文档中，但位图模式除外，如果在 Photoshop 中打开其他应用程序创建的 PDF 文件时，Photoshop 将对文件进行栅格化处理。

1.4.1.4 TIFF格式

TIFF 格式是一种既能用于 Mac，又能用于 Windows 的位图图像格式，它在 Photoshop 中支持 24 个通道，是除了 Photoshop 自身格式之外唯一能存储多个通道的文件格式。

1.4.1.5 GIF格式

GIF 格式因其磁盘占用空间较少而多用于文件传送，但此格式不支持 Alpha 通道。由于 8 位存储格式的限制，使其不能存储超过 256 色的图像。虽然如此，但该图形格式却在互联网上被广泛地应用，原因主要有两个：① 256 种颜色已经较能满足互联网上的主页图形需要；②该格式生成的文件比较小，适合网络环境传输和使用。

1.4.1.6 JPEG格式

JPEG 格式是常用的图像格式，支持 CMYK、RGB 和灰度颜色模式，但不支持 Alpha 通道。虽然它是一种有损失的压缩格式，但它在保存 RGB 图像的所有颜色信息时可以有选择地取出数据来压缩文件。JPEG 格式的图像在打开时自动解压缩。高等级的压缩会导致较低的图像品质，低等级的压缩则产生较高的图像品质。

1.4.2 图像颜色模式

颜色模式是指同一种属性下的不同颜色的集合，颜色模式决定用于显示和打印图像的颜色模型，Photoshop 的颜色模式以建立好的用于描述和重现色彩的模型为基础。常见的模式包括 HSB、RGB、CMYK，也包括用于颜色输出的模式，如 Lab 模式、双色调模式、位图模式、多通道式等。

1.4.2.1 RGB模式

由于 RGB 的 3 种颜色以最大亮度显示时产生的合成色是白色，反之则产生黑色，因此也称它们为加色。RGB 图像通过 3 种颜色或通道可以在屏幕上重新生成多达 1670 万种颜色，正因为 RGB 的色域或颜色范围要比其他色彩模式宽广得多，所以大多数显示器均采用此种模式。

1.4.2.2 CMYK模式

CMYK 模式颜色合成可以产生黑色，因此也称它们为减色。较高（高光）颜色指定的印刷油墨颜色百分比较低，较暗（暗调）颜色指定的百分比较高。要用印刷色打印的图像，应使用 CMYK 模式，其精准的颜色范围随印刷和打印条件而变化，Photoshop 中的 CMYK 模式因"颜色设置"对话框中指定的工作空间设置而异。

1.4.2.3 HSB模式

HSB 模式以人类对颜色的感觉为基础，描述了颜色的 3 种基本特征。

色相：从物体反射或透过物体传播的颜色。在 0°～360° 的标准色轮上，按位置度量色相。在通常的使用中，色相由颜色名称识别，如红色、橙色或绿色。

饱和度（或彩度）：颜色的强度或纯度。饱和度表示色相中灰色分量所占的比例，它使用从 0（灰色）～ 100（完全饱和）的百分比度量。在标准色轮上，饱和度从中心到边缘递增。

亮度：颜色的相对明暗程度，通常使用从 0（黑色）～ 100（白色）的百分比来度量。

1.4.2.4 Lab模式

Lab 模式由 3 个通道组成，但不是 R、G、B 通道。它的一个通道是亮度即 L，另外两个是色彩通道，用 a 和 b 来表示。a 通道包括的颜色是从深绿色（低亮度值）到灰色（中亮度值）再到亮粉红色（高亮度值）；b 通道则是从亮蓝色（低亮度值）到灰色（中亮度值）再到黄色（高亮度值）。因此，这种色彩混合后产生明亮的色彩。

Lab 模式所定义的色彩最多，且与光线及设备无关，并且处理速度与 RGB 模式同样快，比 CMYK 模式快很多。Lab 模式在转换成 CMYK 模式时色彩没有丢失或被替换。因此，最佳避免色彩损失的方法是：应用 Lab 模式编辑图像，再转换为 CMYK 模式打印输出。当将 RGB 模式转换成 CMYK 模式时，Photoshop 将自动将 RGB 模式转换为 Lab 模式，再转换为 CMYK 模式。

1.5 Photoshop 的应用领域

Photoshop 的应用领域很广泛，在图像处理、绘制、视频、出版各方面都有涉及。Photoshop 的专长在于图像处理，而不是图形创作。图像处理是对已有的位图图像进行编辑加工处理以及运用一些特殊效果，其重点在于对图像的处理加工。常见的应用领域有以下几种。

1.5.1 平面设计

平面设计是 Photoshop 应用最为广泛的领域，无论是我们正在阅读的图书封面，还是大街上看到的招帖、海报，这些具有丰富图像的平面印刷品，都需要 Photoshop 软件对图像进行处理，如图 1-5-1 所示。

1.5.2 修复照片

Photoshop 具有强大的图像修饰功能。利用这些功能，可以快速修复一张破损的老照片，也可以修复人脸上的斑点等缺陷。随着数码电子产品的普及，图形图像处理技术逐渐被越来越多的人所应用，如美化照片、制作个性化的影集、修复已经损毁的图片等。

图 1-5-1

图 1-5-2

1.5.3 广告摄影

作为一种对视觉要求非常严格的工作，广告摄影的最终成品往往要经过 Photoshop 的修改才能达到满意的效果。广告的构思与表现形式是密切相关的，大多数的广告是通过图像合成与特效技术来完成的。通过这些技术手段可以更加准确地表达出广告的主题，如图 1-5-2 所示。

1.5.4 影像创意

影像创意是 Photoshop 的特长，通过 Photoshop 的处理可以将原本风马牛不相及的对象组合在一起，也可以使用"移花接木"的手段使图像发生不可思议的巨大变化，如图 1-5-3 所示。

图 1-5-3

1.5.5 艺术文字

利用 Photoshop 可以使文字发生各种各样的变化，并利用这些艺术化处理后的文字为图像增加效果。利用 Photoshop 对文字进行创意设计，可以使文字变得更加美观，个性极强，如图 1-5-4 所示。

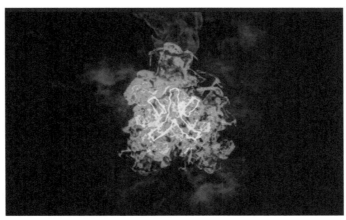

图 1-5-4

第2章　Photoshop 软件工具的介绍

学习内容：本章主要讲解 Photoshop 的基本操作，如图像的查看、选择工具、图像处理工具、矢量处理工具及其他工具的使用等内容。

学习重点：掌握选择工具、图像处理工具、矢量处理工具的具体操作方法。

学习难点：有效分析案例需求，准确选择、使用相关工具进行图像的编辑与处理。

2.1 Photoshop 的基本操作

2.1.1 文件的打开与存储

①文件的打开。执行"文件—打开"命令，弹出对话框，找到打开文件的存储路径，如图 2-1-1 所示，单击"打开"按钮，打开文件，如图 2-1-2 所示。

图 2-1-1

图 2-1-2

②文件的存储。执行"文件—存储为"命令，弹出存储对话框，确定保存路径，更改文件存储名称，更改存储格式，Photoshop 默认存储格式为"PSD"格式，选择"JPEG"格式，如图 2-1-3 所示。单击"保存"按钮，弹出对话框，如图 2-1-4 所示，其中"品质"中的数字越大，文件的分辨率越大，图片越清晰，单击"确定"按钮存储文件。

③文件的新建。执行"文件—新建"命令，弹出对话框，如图 2-1-5 所示，单击"确定"按钮，新建文件。

④画布的旋转。打开文件，如图 2-1-6 所示。执行"图像—旋转画布"命令如图 2-1-7 所示，旋转结果如图 2-1-8 所示。

图 2-1-3　　　　　　　　　　　图 2-1-4　　　　　　　　　　　图 2-1-5

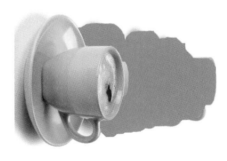

图 2-1-6　　　　　　　　　　　图 2-1-7　　　　　　　　　　　图 2-1-8

2.1.2 图像的查看

2.1.2.1 缩放工具（快捷键Z）和抓手工具（快捷键H）

选中对象，用缩放工具进行缩放，或者按"Ctrl++"、"Ctrl+ −"快捷键，完成对象的缩放。当对象放大到一定程度，不能全屏显示时，选择抓手工具，按下鼠标左键进行对象的移动。

2.1.2.2 导航器

选择"窗口—导航器"，弹出对话框如图 2-1-9 所示，通过缩放滑块改变"图像大小"，导航器中的矩形框代表"图像的显示范围"。

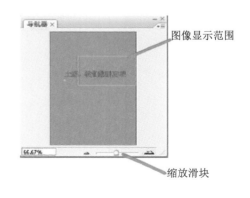

图像显示范围

缩放滑块

图 2-1-9

2.2 选区工具操作

2.2.1 基础选区工具

2.2.1.1 矩形、椭圆选框工具（快捷键M）

（1）选区工具的认知。

将鼠标移至矩形选框工具，静止几秒，将会出现文字，如图 2-2-1 所示。其表示工具的名称及快捷键，观察矩形工具，图标右下角有个黑三角，单击鼠标左键，不要松开，将会弹出选框工具的隐藏工具，如图 2-2-2 所示。按"Shift+M"快捷键，可以完成隐藏工具之间的切换，工具栏中所有右下角有黑三角标识的工具，操作方式相同。

图 2-2-1

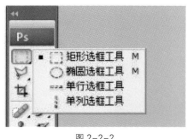
图 2-2-2

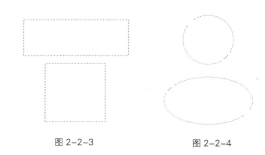
图 2-2-3　　　　图 2-2-4

（2）矩形、椭圆选区的建立。

选择矩形选区工具，或者按快捷键 M，在需要建立选区的起点，单击鼠标左键不要松开，将其拖曳至选区终点，矩形选区建立完毕。在建立选区时同时按下 Shift 键，可以建立正方形选区，如图 2-2-3 所示。按"Shift+M"键，将矩形选区工具切换至椭圆选区工具，操作方法如同矩形选区工具，如图 2-2-4 所示。

（3）矩形、椭圆选区的移动。

建立矩形或者椭圆选区,将鼠标放置选区外,鼠标形状如图 2-2-5 所示。将鼠标放置选区内,鼠标形状如图 2-2-6 所示，在此状态下可以完成选区的移动。

（4）选区的添加、删减及相交。

在矩形工具属性栏的设置中，选区可以进行添加、删减、相交设置，如图 2-2-7 所示，建立选区效果如图 2-2-8 所示。

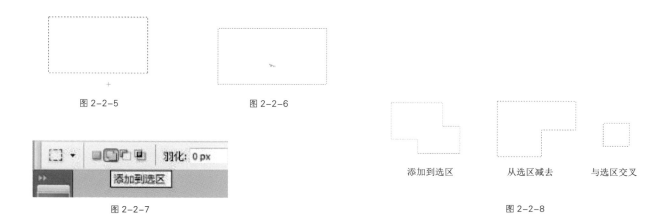

图 2-2-5　　　　图 2-2-6

图 2-2-7

添加到选区　　　从选区减去　　　与选区交叉

图 2-2-8

2.2.1.2 套索工具（快捷键L）

（1）套索工具。

选择套索工具（快捷键 L），按着鼠标左键不要松开，在需要建立选区的地方进行勾画，首尾相接，选区建立完成，如图 2-2-9 所示，效果如图 2-2-10 所示。套索工具主要用于模糊选区的建立。

图 2-2-9   图 2-2-10

（2）多边形套索工具。

选择多边形套索工具或者按"Shift+L"键进行切换，在需要建立选区的地方，单击鼠标左键，首尾相接，选区建立，如图 2-2-11 所示，效果如图 2-2-12 所示。多边形套索工具主要用于几何选区的建立。

（3）磁性套索工具。

选择磁性套索工具，在需要建立选区的对象上，单击鼠标左键，磁性套索工具会自动产生节点吸附在对象上，如图 2-2-13 所示，如果出现偏离对象的节点可以按 Delete 键进行删除，首尾相接，选区建立，完成效果如图 2-2-14 所示。磁性套索工具主要用于比较精准选区的建立。

（4）选区的添加、删减及相交。

套索工具属性栏的设置中，选区可以进行添加、删减、相交，设置方法如同矩形选区工具的设置。

图 2-2-11   图 2-2-12   图 2-2-13   图 2-2-14

2.2.1.3 快速选择工具及魔棒工具（快捷键W）

（1）快速选择工具。

选择快速选择工具，根据建立选区的需要，设置工具属性栏中工具的相关属性，按下鼠标左键不要松开，在需要建立选区的对象上拖曳以选择对象，如图 2-2-15 所示。

（2）魔棒工具。

选择魔棒工具，在需要建立选区的对象上，单击鼠标左键完成选区的建立，如图 2-2-16 所示。

（3）选区的添加、删减及相交。

快速选择及魔棒工具属性栏的设置中，选区可以进行添加、删减、相交，设置方法如同矩形选区工具的设置。

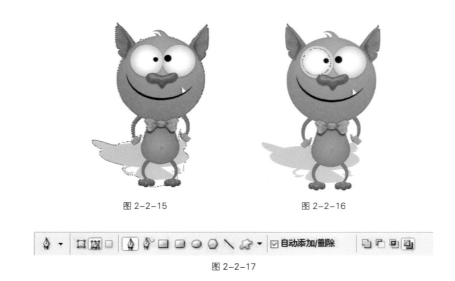

图 2-2-15　　　　　　　　　图 2-2-16

图 2-2-17

2.2.2 其他重要选区工具及命令

（1）路径。

选择钢笔工具，工具属性栏设置如图 2-2-17 所示。用钢笔工具粗略勾画对象轮廓，如图 2-2-18 所示，按住 Ctrl 键不放，将钢笔工具切换至直接选择路径工具，点选要修改的对象。松开 Ctrl 键，将钢笔工具靠近修改对象，在对象上单击添加锚点。按 Ctrl 键不放，切换至直接选择路径工具，移动新增锚点，拖动手柄（锚点、手柄如图 2-2-19 所示），将路径调整与对象吻合，如图 2-2-20 所示。单击"路径"面板中的"将路径转化为选区"工具，将路径载入选区如图 2-2-21 所示。

（2）反选。

选择魔棒工具，选择图片中的白色区域，建立选区，如图 2-2-22 所示。执行"选择—反向"命令（或者按快捷

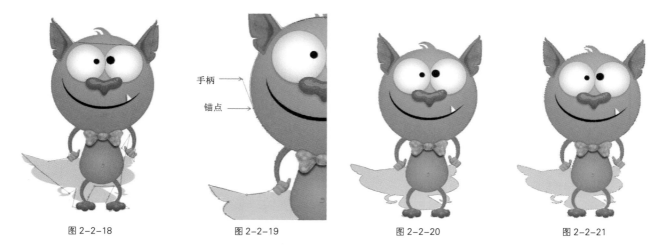

图 2-2-18　　　　　　　　图 2-2-19　　　　　　　　图 2-2-20　　　　　　　　图 2-2-21

键"Ctrl+Shift+I"组合键），效果如图 2-2-23 所示。仔细分析图片中的色彩关系，巧妙利用"反向"命令，可以达到事半功倍的效果。

（3）色彩范围。

执行"选择—色彩范围"命令，弹出对话框，如图 2-2-24 所示。在对象上，选取样点，"色彩范围"命令对话框中，白色为选区，单击确定，建立选区效果如图 2-2-25 所示。

图 2-2-22　　　　　　图 2-2-23　　　　　　　　　　图 2-2-24　　　　　　　　　　图 2-2-25

2.2.3 选区编辑

2.2.3.1 对象的放大、缩小及移动

按"Ctrl++"组合键，可以放大对象，清晰的显示轮廓如图 2-2-26 所示。反之，按"Ctrl+-"组合键，可以缩小对象。对象放大至一定程度不能全屏显示，可以按"空格"键不松开，鼠标形状变成"抓手"，按下鼠标左键不要松开，将对象移至合适的位置，如图 2-2-27 所示。

图 2-2-26　　　　　　　　　图 2-2-27

2.2.3.2 选区的修改

①在对象上建立选区，执行"选择—修改—边界"命令，弹出对话框设置，如图 2-2-28 所示。输入修改边界的数值，单击"确定"按钮，效果如图 2-2-29 所示。

②在对象上建立选区，执行"选择—修改—扩展"命令，弹出对话框设置，如图 2-2-30 所示。输入扩展量的数值，单击"确定"按钮，效果如图 2-2-31 所示。

③在对象上建立选区，执行"选择—修改—收缩"命令，弹出对话框设置，如图 2-2-32 所示。输入收缩选区的收缩量数值，单击"确定"按钮。效果如图 2-2-33 所示。

图 2-2-28　　　　　　　　　图 2-2-29

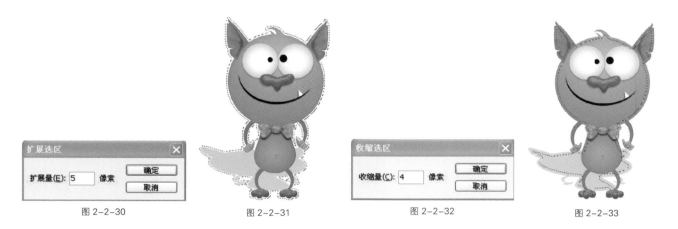

图 2-2-30   图 2-2-31   图 2-2-32   图 2-2-33

2.2.3.3 选区的取消

执行"选择—取消选择"命令，或者按快捷键"Ctrl+D"组合键，取消选择。

2.2.3.4 全选

按快捷键"Ctrl+A"组合键，执行全选命令。

2.2.4 填充工具（快捷键 G）

2.2.4.1 油漆桶工具

（1）前景色填充。

属性工具栏的默认设置如图 2-2-34 所示，建立选区，按"Alt+Del"组合键，填充前景色，按"Ctrl+Del"组合键，填充背景色。按"X"键交换前景色和背景色的位置，按"D"键前景色和背景色变成默认的黑白色，如图 2-2-35 所示。

（2）图案填充。

属性工具栏的默认设置如图 2-2-36 所示，选择自己喜欢的图案，建立选区进行填充，效果如图 2-2-37 所示。

（3）自定义图案。

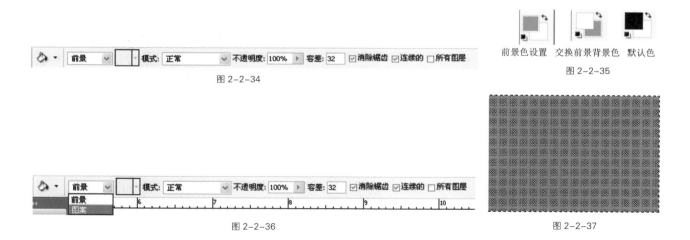

图 2-2-34

前景色设置   交换前景背景色   默认色

图 2-2-35

图 2-2-36   图 2-2-37

打开素材，选择矩形选框工具，框选需要部分，如图 2-2-38 所示。执行"编辑—定义图案"命令，弹出对话框，重命名图案的名称，如图 2-2-39 所示。新建矩形选区，填充图案，图案属性工具栏中选择图案"小怪物"进行填充，设置如图 2-2-40 所示，效果如图 2-2-41 所示。

图 2-2-39

图 2-2-40

图 2-2-38

图 2-2-41

2.2.4.2 渐变填充工具

工具属性栏的默认设置如图 2-2-42 所示，渐变填充的类型：线性渐变、径向渐变、角度渐变、对称渐变、菱形渐变。单击属性工具栏中的 ，弹出对话框如图 2-2-43 所示。可以进行不透明度色标、色标属性的设置，如图 2-2-44 所示。设置完成单击"确定"，建立选区，选择渐变工具，渐变填充类型设置为"线性渐变"，在选区中按下左键进行拖曳，如图 2-2-45 所示，填充效果如图 2-2-46 所示。

图 2-2-42

图 2-2-43

图 2-2-44

图 2-2-45

图 2-2-46

2.2.5 移动工具（快捷键 V）

①打开素材，新建文件如图 2-2-47 所示，选择移动工具，在素材上按下鼠标左键不要松开，拖曳至新建文件如图 2-2-48 所示。

②打开素材，选择矩形选框工具，建立矩形选区如图 2-2-49 所示。选择移动工具，在对象上按下鼠标左键不要松开，将对象移至合适的位置，如图 2-2-50 所示。

图 2-2-47

图 2-2-48

图 2-2-49

图 2-2-50

2.3 图像处理工具操作

2.3.1 修复工具介绍

2.3.1.1 仿制图章工具（快捷键S）

　　打开素材如图 2-3-1 所示，选择仿制图章工具，按"["、"]"键来调整仿制图章工具"源点"的大小，按下 Alt 键不要松开，在"源点"处单击鼠标左键，松开鼠标左键，在需要仿制的区域单击鼠标左键，反复两次，效果如图 2-3-2 所示。

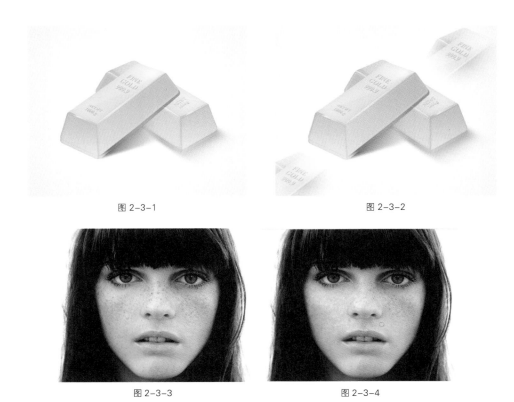

图 2-3-1   图 2-3-2

图 2-3-3   图 2-3-4

2.3.1.2 污点修复画笔工具（快捷键 J）

（1）污点修复画笔工具。

打开素材如图 2-3-3 所示，选择污点修复画笔工具，调整修复画笔笔刷大小，在污点上单击鼠标左键，不断重复，污点修复效果如图 2-3-4 所示（以左半边脸为例）。

（2）修复画笔工具。

修复画笔工具的使用方法与仿制图章工具用法一致，区别在于增加了相溶效果。

（3）修补工具。

打开素材如图 2-3-5 所示，选择修补工具，按下鼠标左键不要松开，沿着海豚绘制选区如图 2-3-6 所示，首尾相接，海豚载入选区，如图 2-3-7 所示。拖曳海豚至大海，重复几次，海豚将被海水替换，按"Ctrl+D"组合键，取消选区效果，如图 2-3-8 所示。

图 2-3-5   图 2-3-6

图 2-3-7

图 2-3-8

2.3.1.3 加深、减淡工具（快捷键O）

（1）加深工具。

打开素材，在需要加深的地方，选择加深工具进行涂抹，如图 2-3-9 所示。

（2）减淡工具。

打开素材，在需要减淡的地方，选择减淡工具进行涂抹，如图 2-3-10 所示。

图 2-3-9   图 2-3-10

2.3.1.4 模糊、锐化和涂抹工具（快捷键R）

选择工具，在需要进行模糊、锐化、涂抹的地方进行涂抹，使用方法与加深、减淡工具类似。

2.3.2 画笔工具（快捷键 B）

①选择画笔工具，弹出画笔工具属性栏，如图 2-3-11 所示。设置不同，绘制的效果也不相同，如图 2-3-12 所示。

②画笔描边。选择钢笔工具，勾画路径如图 2-3-13 所示，选择画笔工具，前景色设置为红色，单击"路径"面板上的用"画笔描边路径"按钮，如图 2-3-14 所示，效果如图 2-3-15 所示。

③画笔预设管理器。按 F5 键弹出画笔预设管理器，设置如图 2-3-16 所示，绘制图形如图 2-3-17 所示。

图 2-3-11

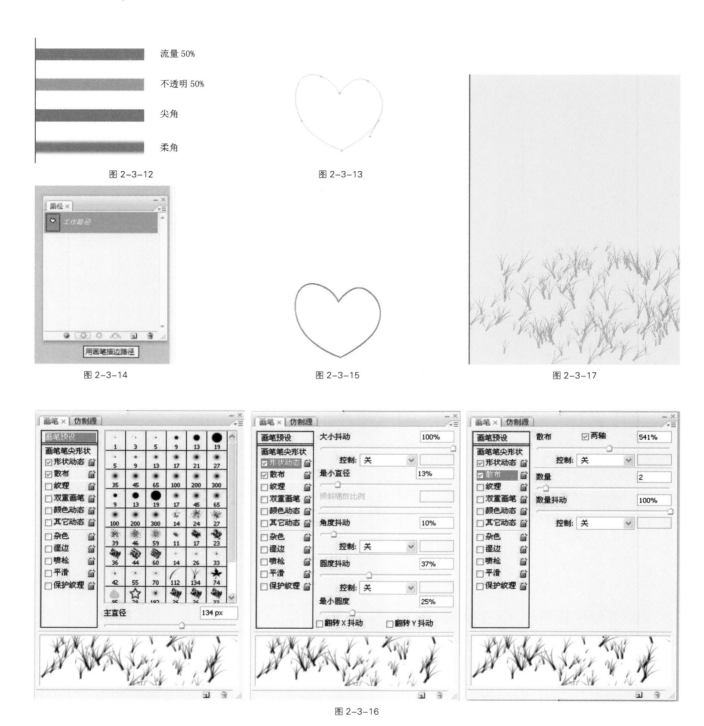

图 2-3-12

图 2-3-13

图 2-3-14

图 2-3-15

图 2-3-17

图 2-3-16

2.4 矢量处理工具

2.4.1 钢笔工具（快捷键 P）

①选择钢笔工具，或者按 P 键，钢笔工具属性栏设置如图 2-4-1 所示。随意绘制三个形状如图 2-4-2 所示，打开"图

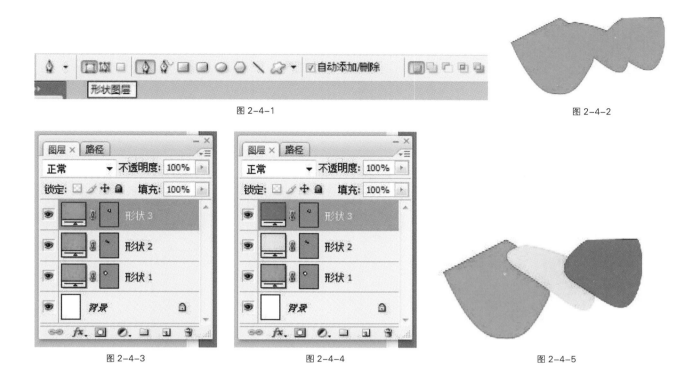

图 2-4-1

图 2-4-2

图 2-4-3　　　　　　　　　　图 2-4-4　　　　　　　　　　图 2-4-5

层"面板如图 2-4-3 所示。双击"图层"面板中的图层缩览图,更改其颜色,如图 2-4-4 所示,效果如图 2-4-5 所示。

　　②选择钢笔工具,钢笔工具属性栏设置如图 2-4-6 所示,勾画路径,按住 Ctrl 键不要松开,钢笔工具自动切换至"直接选择工具",点选需要修改的路径,松开 Ctrl 键,当钢笔工具靠近路径时,在需要增加锚点的地方单击鼠标左键添加锚点效果,如图 2-4-7 所示,按下 Ctrl 键不要松开,切换成"自动选择工具",将新增锚点拖曳至合适位置如图 2-4-8 所示。

　　③路径的删除。选择钢笔工具,按下 Ctrl 键不要松开,将工具切换至"直接选择工具",点选需要删除的路径,按 Delete 键,删除路径。

图 2-4-6　　　　　　　　　　　　　　图 2-4-7　　　　　图 2-4-8

2.4.2 文字工具（快捷键 T）

　　①选择文字工具,文字工具属性栏设置如图 2-4-9 所示,输入文字如图 2-4-10 所示。"图层"面板如图 2-4-11 所示,在文字图层上单击右键,执行"栅格化文字"命令,将文字图层转化为普通图层,如图 2-4-12 所示。按"Ctrl+T"组合键,执行自由变化命令,改变字体大小,单击"图层"面板上的"锁定透明像素"按钮,如图 2-4-13 所示,锁定文字图层的透明像素,选择画笔工具,画笔颜色设置为绿色,在字体的上半部分涂抹,效果如图 2-4-14 所示。

图 2-4-9

小伙伴们，都惊呆了

图 2-4-10

图 2-4-11

图 2-4-12

图 2-4-13

小伙伴们，都惊呆了

图 2-4-14

②文字围绕路径。选择椭圆工具，按 Shift 键，绘制正圆路径，如图 2-4-15 所示。选择文字工具，在正圆路径上单击，输入文字如图 2-4-16 所示，单击"形状图层"按钮口，隐藏路径如图 2-4-17 所示。

③文字蒙版的运用。新建图层，填充红色，"图层"面板如图 2-4-18 所示。选择文字蒙版工具，输入文字，单击移动工具，产生文字选区，如图 2-4-19 所示。

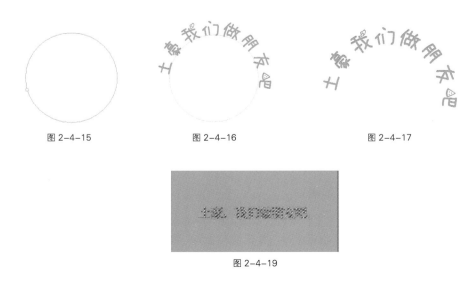

图 2-4-15　　　　图 2-4-16　　　　图 2-4-17

图 2-4-19

图 2-4-18

第3章　图层介绍

学习内容：本章主要讲解图层的概念、作用及图层的基本编辑方法，利用图层样式、图层混合模式制作特效。

学习重点：了解图层样式及图层混合模式各个种类的制作效果。

学习难点：有效分析案例需求，准确选择、使用图层样式、图层模式制作特殊效果。

3.1 图层简介

3.1.1 图层的认知

使用图层可以在不影响整个图像中大部分元素的情况下处理其中一个元素。我们可以把图层想象成是一张一张叠起来的透明胶片，每张透明胶片上都有不同的画面，改变图层的顺序和属性可以改变图像的最后效果。通过对图层的操作，使用它的特殊功能可以创建很多复杂的图像效果。

3.1.2 图层的特点

①图层就像一张张叠在一起的胶片，最上层的图像挡住下面的图像。

②上层图像中没有像素的地方为透明区域，通过透明区域可以看到下一层的图像。

③图层是相对独立的，在一个图层编辑时，不影响其他层。

④每次只能在一个图层上工作，不能同时编辑多个图层。

3.1.3 图层的编辑

①"图层"面板的显示与隐藏。新建文件，在"窗口"下拉菜单中"图层"前打"√"，表示"图层"面板显示，如图 3-1-1 所示，反之，"图层"面板隐藏。

②图层的新建。单击"图层"面板中的"创建新图层"图标，新建图层显示为"图层 1"如图 3-1-2 所示。

图 3-1-1

图 3-1-2

③图层的重命名。双击"图层1"三个字符如图3-1-3所示，重新命名如图3-1-4所示。

④图层顺序的更改。新建三个图层（图层1、图层2、图层3）如图3-1-5所示，在图层2上，单击鼠标左键不要松开，将其拖曳至图层3的顶部，完成图层顺序的更改如图3-1-6所示。

图 3-1-3

图 3-1-4

图 3-1-5

图 3-1-6

图 3-1-7

图 3-1-8

⑤图层的复制。新建"图层1"如图3-1-7所示，在"图层1"上单击鼠标左键不要松开，将其拖曳至"图层"面板底部"创建新图层"图标上，松开左键完成图层复制，如图3-1-8所示。

⑥图层的合并。新建三个图层（图层1、图层2、图层3）如图3-1-9所示，在图层2上，单击鼠标左键，图层2被选中呈现蓝色，按"Ctrl+E"组合键向下合并图层如图3-1-10所示。

图 3-1-9

图 3-1-10

图 3-1-11

⑦图层的显示与隐藏。新建三个图层（图层1、图层2、图层3）如图 3-1-11 所示，将"图层1"、"图层2"、"图层3"前边的眼睛关闭如图 3-1-12 所示，表示该图层被隐藏，反之表示显示。

⑧图层的锁定。选择"窗口—图层"，弹出"图层"面板对话框，"图层"面板上有"锁定"，如图 3-1-13 所示，锁定分为四类：锁定透明像素、锁定图像像素、锁定位置、锁定全部。

⑨图层的对齐。新建3个图层，在3个图层上分别绘制"红、黄、蓝"3个小方块，按下 Ctrl 键不松开，依次点选3个图层，使3个图层同时被选中，如图 3-1-14 所示，效果如图 3-1-15 所示，执行"图层—对齐—水平居中"命令，效果如图 3-1-16 所示。

⑩图层的删除。在要删除的图层上。按下鼠标左键不要松开，将其拖曳至"图层"面板的"删除图层"图标上删除图层，或者单击鼠标右键，执行"删除图层"命令。

图 3-1-12

图 3-1-13

图 3-1-14

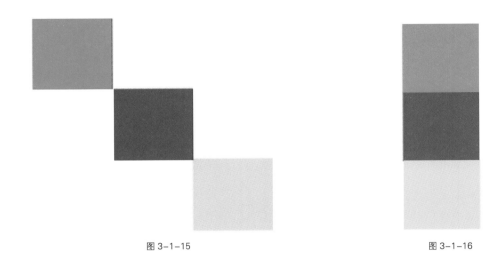

图 3-1-15　　　　　　　　　　　　　　　　　　　　　　图 3-1-16

3.2 图层样式

3.2.1 图层样式的认知

图层样式是 Photoshop 中用于制作各种效果的强大功能。利用图层样式功能，可以简单快捷地制作出各种立体投影，各种质感以及光影效果的图像特效。与不用图层样式的传统操作方法相比较，图层样式具有速度更快、效果更精确，更强的可编辑性等无法比拟的优势。

3.2.2 图层样式的特点

①通过不同的图层样式选项设置，可以很容易地模拟出各种效果。这些效果利用传统的制作方法会比较难以实现，或者根本不能制作出来。

②图层样式可以被应用于各种普通的、矢量的和特殊属性的图层上，几乎不受图层类别的限制。

③图层样式具有极强的可编辑性，当图层中应用了图层样式后，会随文件一起保存，可以随时进行参数选项的修改。

④图层样式的选项非常丰富，通过不同选项及参数的搭配，可以创作出变化多样的图像效果。

⑤图层样式可以在图层间进行复制、移动，也可以存储成独立的文件，将工作效率最大化。

3.2.3 图层样式的种类

选中需要编辑的图层，"图层"面板中该图层呈现蓝色，如图 3-2-1 所示。双击该图层弹出图层样式对话框，如图 3-2-2 所示。常用的图层样式有如下 10 种，以红色圆形展示 10 种不同图层样式效果。

（1）投影。

将为图层上的对象、文本或形状后面添加阴影效果。"投影"参数由"混合模式"、"不透明度"、"角度"、"距离"、"扩展"和"大小"等各种选项组成，通过对这些选项的设置可以得到需要的效果，如图 3-2-3 所示。

图 3-2-1

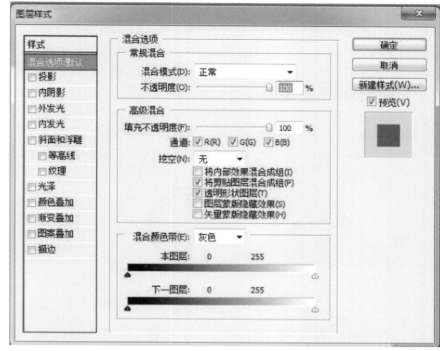

图 3-2-2

图 3-2-3   图 3-2-4

（2）内阴影。

将在对象、文本或形状的内边缘添加阴影，让图层产生一种凹陷外观，内阴影效果对文本对象效果更佳，效果如图 3-2-4 所示。

（3）外发光。

将从图层对象、文本或形状的边缘向外添加发光效果。设置参数可以让对象、文本或形状更精美，效果如图 3-2-5 所示。

（4）内发光。

将从图层对象、文本或形状的边缘向内添加发光效果，如图 3-2-6 所示。

图 3-2-5   图 3-2-6

（5）斜面和浮雕。

"样式"下拉菜单将为图层添加高亮显示和阴影的各种组合效果。

"斜面和浮雕"对话框样式参数如下。

①外斜面：沿对象、文本或形状的外边缘创建三维斜面，效果如图 3-2-7 所示。

②内斜面：沿对象、文本或形状的内边缘创建三维斜面，效果如图 3-2-8 所示。

③浮雕效果：创建外斜面和内斜面的组合效果，如图 3-2-9 所示。

④枕状浮雕：创建内斜面的反相效果，其中对象、文本或形状看起来下沉，效果如图 3-2-10 所示。

⑤描边浮雕：只适用于描边对象，即在应用描边浮雕效果时才打开描边效果，如图 3-2-11 所示。

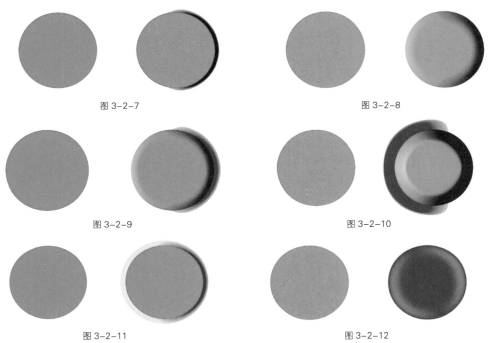

图 3-2-7   图 3-2-8

图 3-2-9   图 3-2-10

图 3-2-11   图 3-2-12

（6）光泽。

将对图层对象内部应用阴影，与对象的形状互相作用，通常创建规则波浪形状，产生光滑的磨光及金属效果，效果如图 3-2-12 所示。

（7）颜色叠加。

将在图层对象上叠加一种颜色，即用一层纯色填充到应用样式的对象上。从设置"叠加颜色"选项选择任意颜色，效果如图 3-2-13 所示。

（8）渐变叠加。

将在图层对象上叠加一种渐变颜色，即用一层渐变颜色填充到应用样式的对象上。通过"渐变"选项打开"渐变编辑器"还可以选择使用其他的渐变颜色，效果如图 3-2-14 所示。

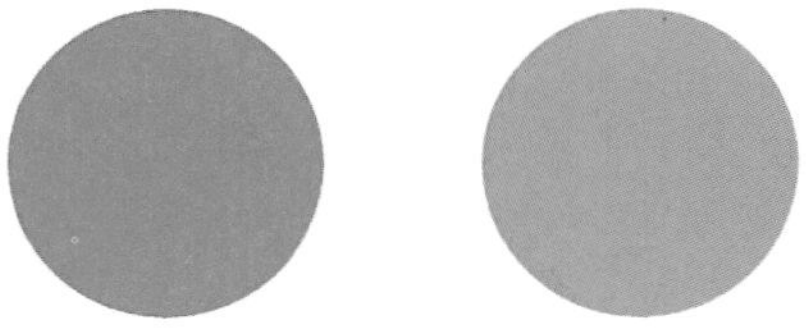

图 3-2-13    图 3-2-14

（9）图案叠加。

将在图层对象上叠加图案，即用一致的重复图案填充对象。从"图案"选项中的"图案拾色器"还可以选择其他的图案，效果如图 3-2-15 所示。

（10）描边。

使用颜色或图案描绘当前图层上的对象、文本或形状的轮廓，对于边缘清晰的形状（如文本），这种效果尤其明显，效果如图 3-2-16 所示。

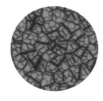
图 3-2-15

图 3-2-16

3.2.4 图层样式参数设置介绍

在图层样式对话框中，选择不同的图层样式比如投影、内阴影，则会弹出相应的样式参数设置对话框，常用参数代表的意义如下。

①混合模式：不同混合模式选项。

②色彩样本：有助于修改阴影、发光和斜面等的颜色。

③不透明度：减小其值将产生透明效果（0= 透明，100= 不透明）。

④角度：控制光源的方向。

⑤使用全局光：可以修改对象的阴影、发光和斜面角度。

⑥距离：确定对象和效果之间的距离。

⑦扩展 / 内缩："扩展"主要用于"投影"和"外发光"样式，从对象的边缘向外扩展效果；"内缩"常用于"内阴影"。

⑧大小：确定效果影响的程度，以及从对象的边缘收缩的程度。

⑨消除锯齿：打开此复选框时，将柔化图层对象的边缘。

⑩深度：此选项是应用浮雕或斜面的边缘深浅度。

3.2.5 图层样式实例

3.2.5.1 渐变字的制作

（1）设计要求。

主要通过图层样式（投影、渐变叠加）制作渐变字效果，效果如图 3-2-17 所示。

（2）制作步骤。

①选择"文件—新建"菜单，打开"新建"对话框，输入名称为"Photoshop 渐变文字特效"，宽度为 640 像素，高度为 480 像素，分辨率为 300 像素 / 英寸，颜色模式为 RGB 颜色的文档，如图 3-2-18 所示。

②选择渐变工具（快捷键 G），在工具选项栏中设置为径向渐变，然后单击"点按可编辑渐变"，弹出渐变编辑器。双击如图 3-2-20 中的 A 处，设置色彩分别为 R：29、G：62、B：77，如图中的 B 处，设置 RGB 分别为 R：6、G：59、B：43。效果如图 3-2-19 所示。

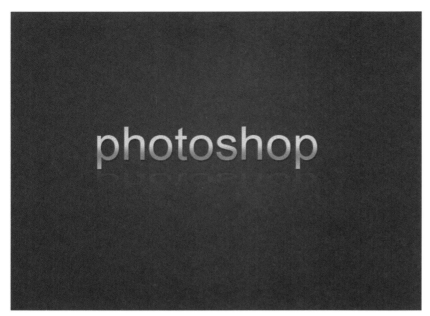

图 3-2-17

图 3-2-18

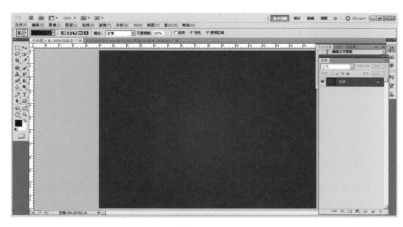

图 3-2-19

图 3-2-20

图 3-2-21

③单击横排文字工具，输入英文字母"photoshop"，然后在工具选项栏上设置字体：Arial，大小：18 点，颜色：白色，设置消除锯齿的方法：锐利，如图 3-2-21 所示。

④"渐变叠加"选项，设置混合模式：正常，不透明度：100%，样式：线性，勾选"与图层对齐"，角度：90度，缩放：100%，如图 3-2-22 所示。点击"渐变"弹出"渐变编辑器"，双击如图 3-2-23 中的 A 处，设置色彩 RGB 分别为 150、205、233。再双击图 3-2-23 中所示的 B 处，设置 RGB 分别为 71、145、180，再双击图 3-2-23 中所示的 C 处，设置 RGB 分别为 172、229、254，再双击图 3-2-23 中所示的 D 处，设置 RGB 分别为 155、216、241，然后点击"确定"按钮。

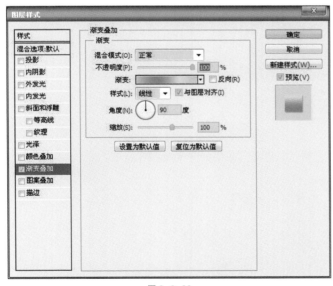

图 3-2-22

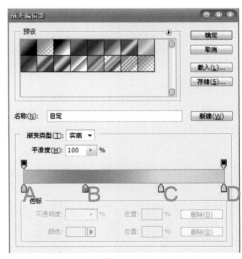

图 3-2-23

⑤右击 photoshop 图层，选择"混合选项"，进入到图层样式，分别勾选"投影"和"渐变叠加"选项，勾选"图层挖空投影"，设置混合模式为：正片叠底，颜色为：黑色，不透明度为 32%，角度为 120 度，勾选"使用全局光"，距离为 2 像素，扩展为 0%，大小为 2 像素，设置其他值参考如图 3-2-24 所示，然后点击"确定"按钮，效果如图 3-2-24 所示。

图 3-2-24

⑥复制文字图层，选择文字图层副本，点击鼠标右键弹出右键菜单，选择"栅格化文字"命令，添加一个蒙版给文字图层副本，选择渐变工具，给文字图层副本添加一个渐变。如图 3-2-25 所示。

⑦保存 JPEG 格式，效果如图 3-2-17 所示。

图 3-2-25

3.2.5.2 玉的制作

（1）设计要求。

主要通过图层样式（内阴影、内发光、斜面与浮雕）制作玉效果，效果如图 3-2-26 所示。

（2）制作步骤。

①新建文件，命名为：玉，宽度：21 厘米，高度：30 厘米，分辨率：72 像素 / 英寸，如图 3-2-27 所示。

图 3-2-26

图 3-2-27

图 3-2-28

②选择椭圆选取框工具，如图 3-2-28 所示，按住 Shift 键，绘制正圆。设置前景色为"绿色"，使用油漆桶填充颜色如图 3-2-29 所示。

③选择椭圆形选取框，在绘制好的正圆中心绘制小圆，按住 Delete 键，删除所选区域如图 3-2-30 所示。

④给图层添加图层样式，选择"内阴影"，调节数值如图 3-2-31 所示。

图 3-2-29　　　　　　　　　　　图 3-2-30

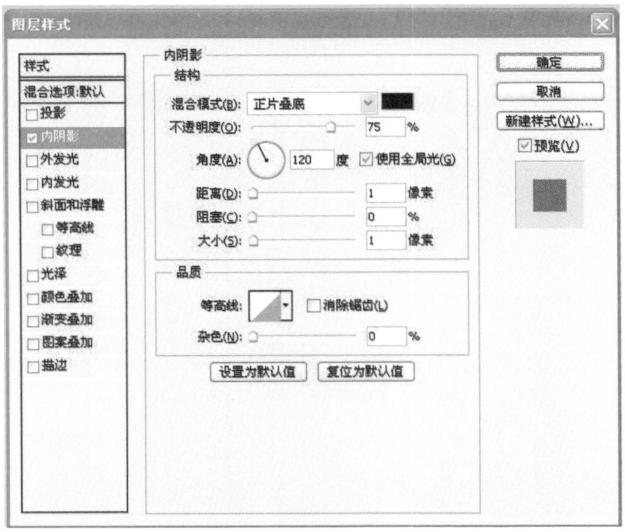

图 3-2-31

⑤依次调节内发光，斜面与浮雕，等高线，光泽，颜色叠加等数值。如图 3-2-32 至图 3-2-36 所示。

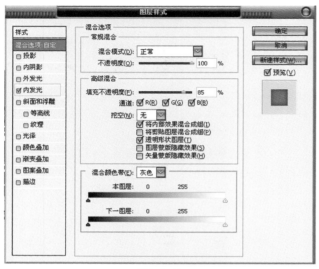

图 3-2-32

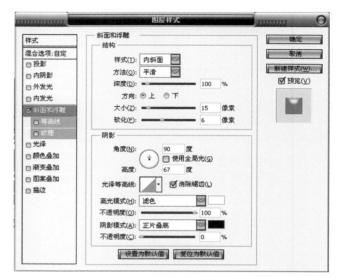

图 3-2-33

图 3-2-34

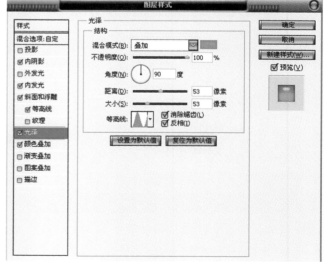

图 3-2-35

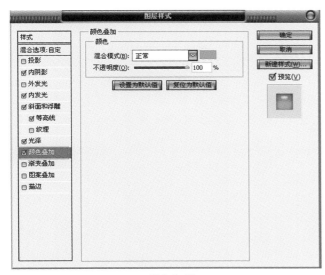

图 3-2-36

图 3-2-37

⑥玉调整后效果如图 3-2-37 所示。

⑦添加"背景"图片，将玉放置于"背景"中，如图 3-2-38 所示。

图 3-2-38

⑧保存为 JPEG 格式输出，最终效果如图 3-2-26 所示。

3.2.5.3 奥运五环的制作

（1）设计要求。

主要通过图层样式（内发光、斜面与浮雕）制作奥运五环，效果如图 3-2-39 所示。

图 3-2-39

（2）制作步骤。

①新建文件命名为"奥运五环"，宽：21.59cm，高：27.94cm，分辨率：300 像素 / 英寸，如图 3-2-40 所示。

②新建一个图层，命名为"图1"，使用椭圆形选取框工具，在图 1 中建立一个圆形，使用油漆桶工具，填充蓝色，如图 3-2-41 所示。

③取消选区，在蓝色的圆中心，适当画一个小的圆形选区，按 Delete 键删除选择的小圆部分，如图 3-2-42 所示。

④选择"图1"，执行"图层样式—斜面和浮雕"以及"内发光"命令，如图 3-2-43、图 3-2-44 所示。

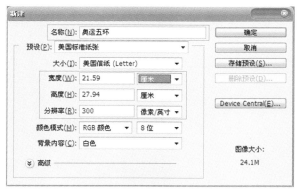

图 3-2-40

图 3-2-41

图 3-2-42

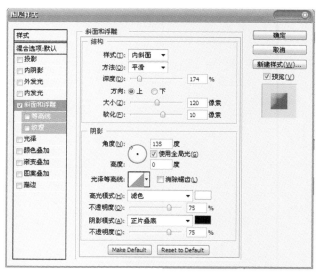

图 3-2-43

图 3-2-44

⑤最终效果如图 3-2-45 所示。

⑥调节"图 1"的大小，复制五个圆，排列如图 3-2-46 所示。

图 3-2-45

图 3-2-46

⑦打开"色相/饱和度"窗口，分别对五环进行颜色调整。分别为蓝、黑、红、黄、绿，如图 3-2-47 所示。

图 3-2-47

⑧选中五环中的黄色环，使用钢笔工具 ，将黄环与黑环交接处选中，选择"路径"面板，点选"将路径作为选区载入"，按 Delete 删除，如图 3-2-48、图 3-2-49 所示。

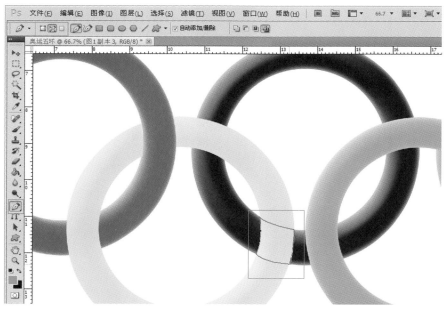

图 3-2-48

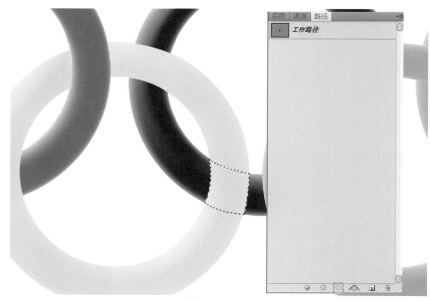

图 3-2-49

⑨按照这样的方法，将五环连接起来，如图 3-2-50 所示。

⑩使用文字工具，输入"One world,One dream"，导入"beijing2008.jpg"素材。进行版式编排，保存 JPEG 格式，如图 3-2-39 所示。

图 3-2-50

3.3 图层模式

3.3.1 图层模式的认知

计算机的图层混合模式是一种利用绘图或编辑图像，达到改变图像像素的表达方式。在进行图层混合时，实质就是将当前选定的图像颜色和图像原有的底色，按一定的方式共同作用后得到另一种颜色，我们称为结果色。在 Photoshop 软件的"图层"面板中，展开图层混合模式的下拉列表，则呈现所有的融合方式。

①组合模式组：正常模式，溶解模式，背后模式（只出现在绘图和填充工具以及填充命令中），清除模式（只出现在绘画和填充工具以及填充命令中）。

②加深模式组：变暗模式，正片叠底模式，颜色加深模式，线性加深模式，深色模式。

③减淡模式组：变亮模式，滤色模式，颜色减淡模式，线性减淡模式，浅色模式。

④对比模式组：叠加模式，柔光模式，强光模式，亮光模式，线性光模式，点光模式，实色混合模式。

⑤比较模式组：差值模式，排除模式，减去模式，划分模式。

⑥色彩模式组：色相模式，饱和度模式，颜色模式，明度模式。

⑦通道模式组：相加模式，减去模式，此模式组只出现在通道计算中。

在具体的作图过程中，通过图层模式的混合更改可以获得不同的制作效果，举例说明，打开素材如图 3-3-1 所示，在"图层"面板中新建图层，命名为"图层 1"，填充黄色，如图 3-3-2 所示，正常模式如图 3-3-3 所示，将图层混合模式分别更改为"正片叠底"、"滤色"、"柔光"、"差值"、"色相"，效果如图 3-3-4 至图 3-3-8 所示，其他混合模式效果，可自己通过变换混合模式进行感受。

图 3-3-1

图 3-3-2

图 3-3-3

图 3-3-4

图 3-3-5

图 3-3-6

图 3-3-7

图 3-3-8

3.3.2 图层模式实例——透明按钮的制作

（1）设计要求。

主要通过图层模式（叠加）制作透明按钮，效果如图3-3-9所示。

（2）制作步骤。

①新建文件，命名为"透明按钮"。高为5厘米，宽为5厘米，分辨率为300像素/英寸，背景色为白色，如图3-3-10所示。

图3-3-9

图3-3-10

图3-3-11

②使用椭圆选取框工具并配合Shift键，画出正圆，如图3-3-11所示。

③在"图层1"上使用渐变工具，渐变颜色为白色至红色，如图3-3-12所示。

④新建"图层2"，填充 R：201，G：19，B：19，点选"选择—修改—羽化"命令。羽化值为50像素，点击"确定"按钮后，按Delete键删除选区内容。效果如图3-3-13所示。

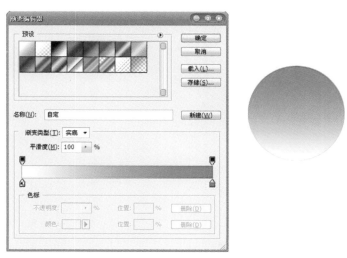

图3-3-12

Photoshop 图 形 图 像 处 理 GRAPHIC & IMAGE PROCESSING——PHOTOSHOP

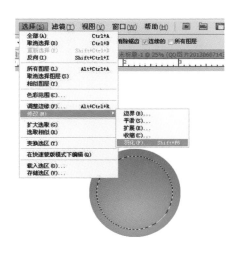

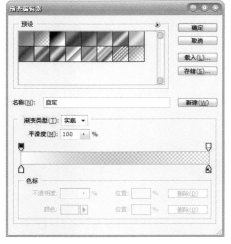

图 3-3-13　　　　　　　　　　　　　　　　　　　　　　　图 3-3-14

　　⑤新建"图层3"，在新建图层上，画出椭圆选区，使用渐变工具填充颜色，R：255，G：255，B：255，如图 3-3-14
所示。

　　⑥新建"图层4"，使用钢笔工具绘制任意形状。在"路径"面板中选择"将路径作为选区载入"，使用油漆桶工
具填充白色，如图 3-3-15 所示。

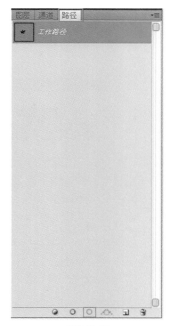

图 3-3-15

⑦将"图层 4"拉至"图层 3"之下，图层属性设置为"叠加"，如图 3-3-16 所示。

⑧选择"图层 1"，调出"图层样式"对话框，选择"投影"效果，如图 3-3-17 所示。

⑨复制多个按钮，调节色相（快捷键"Ctrl+U"），保存 JPEG 格式，如图 3-3-9 所示。

图 3-3-16

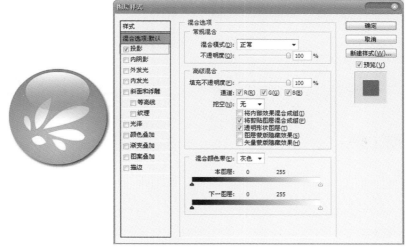

图 3-3-17

第4章 图像调整与蒙版通道

学习内容：本章主要讲解图像调整的分类，蒙版，通道的概念、作用及分类，利用图像调整、蒙版、通道制作特特殊效果。

学习重点：掌握图像调整的分类及使用时相关参数的设置，理解蒙版、通道的概念，运用图像调整、蒙版、通道制作效果。

学习难点：有效分析案例需求，准确选择、使用图像调整、蒙版、通道制作特殊效果。

4.1 图像调整

"图像"菜单中"调整"命令主要是对图片色彩进行调整，包括色彩的颜色、明暗关系和色彩饱和度等。"调整"菜单在实际操作中是常用菜单之一，主要包括 7 个部分。

4.1.1 自动调整命令

自动调整命令包括 3 个命令，分别是"自动色调"，"自动对比度"和"自动颜色"。它们没有对话框，直接选中命令即可调整图像的对比度或色调。以"自动颜色"命令为例，打开素材如图 4-1-1 所示，执行"图像—调整—自动颜色"命令，效果如图 4-1-2 所示。

图 4-1-1

图 4-1-2

4.1.2 简单色彩调整

在 Photoshop 中，有些颜色调整命令不需要复杂的参数设置，也可以更改图像颜色，包括"去色"、"反相"、"阈值"、"色调均化"、"色调分离"等命令。以"阈值"命令为例，打开素材如图 4-1-3 所示，执行"图像—调整—阈值"命令，弹出对话框，设置如图 4-1-4 所示，单击"确定"按钮，效果如图 4-1-5 所示。

图 4-1-3

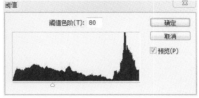
图 4-1-4

图 4-1-5

4.1.3 明暗关系调整

对于色调灰暗，层次不分明的图像，可以使用对色调、明暗关系的命令进行调整，增强图像色彩层次。主要命令包括"亮度 / 对比度"、"阴影 / 高光"、"曝光度"。以"亮度 / 对比度"命令为例。打开素材如图 4-1-6 所示，执行"图像—调整—亮度 / 对比度"命令，弹出对话框，参数设置如图 4-1-7 所示，单击"确定"按钮，效果如图 4-1-8 所示。

图 4-1-6

图 4-1-7

图 4-1-8

4.1.4 矫正图像色调

主要命令包括"色彩平衡"和"可选颜色"。两个命令作用相似，均可以对图像的色调进行矫正。不同之处在于前者是在明暗色调中增加或减少某种颜色；后者是在某个颜色中增加或者减少颜色含量。以"色彩平衡"命令为例，打开素材如图 4-1-9 所示，执行"图像—调整—色彩平衡"命令，弹出对话框，参数设置如图 4-1-10 所示，单击"确定"按钮，效果如图 4-1-11 所示。

图 4-1-9

图 4-1-10

图 4-1-11

4.1.5 整体色调转换

一个图像虽然具有多种颜色，但总体会有一种倾向，或偏冷或偏暖，偏红或偏蓝，这种颜色上的倾向就是图像的整体色调，更改整体色调的命令主要包括"照片滤镜"、"渐变映射"、"匹配颜色"、"变化"。以"匹配颜色"命令为例，打开素材如图 4-1-12 所示，打开"匹配颜色"的"源"如图 4-1-13 所示，选中素材文件，执行"图像—调整—匹配颜色"命令，弹出对话框，参数设置如图 4-1-14 所示，效果如图 4-1-15 所示。

图 4-1-12

图 4-1-13

图 4-1-14

图 4-1-15

图 4-1-16　　　　　　　　　　图 4-1-17　　　　　　　　　　图 4-1-18

4.1.6 调整颜色三要素

　　任何一种色彩都有它特定的明度、色相和纯度。针对图像颜色三要素调整的命令,主要包括"色相—饱和度"、"替换颜色"等命令。以"替换颜色"命令为例,打开素材如图 4-1-16 所示,执行"图像—调整—替换颜色"命令,弹出对话框,参数设置如图 4-1-17 所示,效果如图 4-1-18 所示。

4.1.7 调整通道颜色

　　通过颜色信息通道调整图像整体色调或个别通道颜色的命令,主要包括"曲线"、"色阶"与"通道混合器"。以"曲线"、"色阶"命令为例,打开素材如图 4-1-19 所示,执行"图像—调整—曲线"命令,弹出对话框,参数设置如图 4-1-20 所示,效果如图 4-1-21 所示。执行"图像—调整—色阶"命令,弹出对话框,参数设置如图 4-1-22 所示,效果如图 4-1-23 所示。

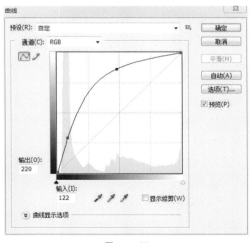

图 4-1-19　　　　　　　　　　　　　　图 4-1-20

图 4-1-21   图 4-1-22   图 4-1-23

4.2 蒙版

4.2.1 蒙版的含义

　　蒙版是用来保护不该被改变的像素，使其不被改变，起到一个遮罩作用的工具。我们可以这样形象地理解：蒙版是一个半透明的塑料板，这个板是红色半透明的，透过这层塑料板可以清晰地看见下面遮罩的图像，在红色的遮罩区域中，我们无法对图像做任何编辑，只有在没有红色塑料板遮挡的区域才能进行编辑操作。

4.2.2 蒙版的分类

　　蒙版有三种：快速蒙版、图层蒙版和剪贴蒙版。

4.2.2.1 快速蒙版

　　快速蒙版是蒙版最基础的操作方式，在这样的操作中可以建立不规则并同时有多种不同羽化值的选区，这种选区的随意性和自由性很强，是利用选择选框工具所得不到的特殊选区。点击工具栏下方的图标，就可以建立快速蒙版，然后通过画笔在图像上添加红色蒙版，通过橡皮擦擦除不需要被遮罩保护的蒙版部分，从而得到灵活多变的选区。也就是说，快速蒙版的功能就是建立自定义的特殊的选区。所以，当需要用特殊的选区来选择图像操作的时候，一定要使用快速蒙版。

4.2.2.2 图层蒙版

　　图层蒙版与快速蒙版不同的是：图层蒙版只对相应的图层产生作用，图层蒙版是灰度图而不是红色的，可以用画笔在灰色的蒙版上进行编辑，而使图层图像本身不被编辑和改变，图层蒙版上只有三种颜色：黑色、白色、灰色，并对相应的图层图像产生隐藏、不隐藏和半隐藏的效果。

　　根据灰度图的特性，只用控制三种颜色来对蒙版进行操作，使图像产生变化，变化的规律只用记住下面简单的三条。

　　①白色——不透明（蒙版中的白色将使图像呈不透明显示），打开素材，如图4-2-1所示，执行"图层—图层蒙版—显示全部"命令，"图层"面板如图 4-2-2 所示，效果如图 4-2-3 所示。

　　②黑色——透明（蒙版中的黑色将使图像呈透明显示），打开素材，如图 4-2-4 所示，执行"图层—图层蒙版—隐藏全部"命令，"图层"面板如图 4-2-5 所示，效果如图 4-2-6 所示。

　　③灰色（256 级灰度）——半透明（蒙版中的不同灰色将使图像呈不同的半透明显示），打开素材，如图 4-2-7 所示，执行"图层—图层蒙版—显示全部"命令，

图 4-2-1

图 4-2-2

图 4-2-3

图 4-2-4

图 4-2-5

图 4-2-6

图 4-2-7

图 4-2-8

图 4-2-9

选择渐变工具，黑白渐变填充蒙版，图层面板如图 4-2-8 所示，效果如图 4-2-9 所示。

图层蒙版是在不改变原图像的基础上，通过控制蒙版中的三种颜色，用蒙版遮罩在图像上，使图像以被隐藏、不隐藏或半隐藏的方式显示出来，得到特殊的效果。同时，因为图层的特性，可以给多个图层添加图层蒙版，并结合图层其他功能得到更多的调整可能，使图像得到更绚丽的视觉效果。

4.2.2.3 剪贴蒙版

图层蒙版是图像蒙版。剪贴蒙版是矢量蒙版。在矢量蒙版上，只能用钢笔来绘制路径，调整路径。其他编辑工具对矢量蒙版无效。剪贴蒙版的作用是通过闭合的路径，来规范显示被蒙版图像的范围,闭合的范围也就是图像的范围。

总之，Photoshop 中的三种蒙版都有其独特的作用：快速蒙版提供了精确选取的可能；图层蒙版在不损伤图像的基础上，提供了针对局部区域的调整方式；剪贴蒙版则将矢量形状调整与图层紧密地结合起来，得到裁剪或规范图像的效果。

4.2.3 蒙版案例

4.2.3.1 快速蒙版、图层蒙版的运用

（1）设计要求。

运用快速蒙版、图层蒙版合成图像，效果如图 4-2-10 所示。

图 4-2-10

（2）制作步骤。

①打开"素材 1"如图 4-2-11 所示，复制图层，"图层"面板如图 4-2-12 所示。按 Q 键进入快速蒙版，此时系统就会在"通道"面版中，自动生成一个快速蒙版，如图 4-2-13 所示。

图 4-2-11　　　　　　　　　　图 4-2-12　　　　　　　　　　图 4-2-13

②将前景色设置为黑色。选择画笔工具，使用一种柔角、硬度为 50% 的画笔在图像窗口中沿人物涂抹创建蒙版区。如果看不清楚图片，可以选择"缩放工具"中的"适合屏幕"选项后，用黑色画笔对"背景副本"进行均匀涂抹，如果擦错了，再用白色画笔擦回来。注意不要有漏涂的地方，效果如图 4-2-14 所示。

③按 Q 键退出快速蒙版，回到"图层"面板，按 Delete 键，删除选区（呈蚂蚁线状态）的图像。关闭"背景"图层的小眼睛，效果如图 4-2-15 所示。

④按快捷键"Ctrl+D"取消选择，选择"橡皮擦工具"，设置不透明度为 20%，然后选择大小合适的画笔笔头，在有多余边缘的背景进行擦除，如图 4-2-16 所示。

⑤打开"素材 2"，如图 4-2-17 所示，执行"图像—调整—替换颜色"命令，弹出对话框，参数设置如图 4-2-18 所示，单击"确定"按钮，效果如图 4-2-19 所示。

⑥选择移动工具，将"素材 1"拖入"素材 2"中，按"Ctrl+T"组合键调整"素材 1"的大小，将其放置合适的位置，如图 4-2-20 所示。

图 4-2-14

图 4-2-15

图 4-2-16

图 4-2-17

图 4-2-18

图 4-2-19

图 4-2-20   图 4-2-21

⑦选中"素材 1",执行"图层—图层蒙版—全部显示"命令,建立图层蒙版,选择画笔工具,前景色设置为黑色,使用"柔角",按"["、"]"键调整笔刷大小,在图层蒙版上涂抹黑色,如图 4-2-21 所示,效果如图 4-2-10 所示。

4.2.3.2 剪贴蒙版的运用

(1)设计要求。

利用剪贴蒙版合成图像,效果如图 4-2-22 所示。

图 4-2-22

(2)制作步骤。

①打开"素材 1",如图 4-2-23 所示,执行"图像—调整—去色"命令,如图 4-2-24 所示,执行"图像—调整—曲线"命令,参数设置如图 4-2-25 所示,效果如图 4-2-26 所示。

②选择钢笔工具,工具属性栏设置如图 4-2-27 所示,创建形状矢量蒙版,"图层"面板如图 4-2-28 所示,效果如图 4-2-29 所示。

③打开"素材 2",如图 4-2-30 所示,选择移动工具,将"素材 2"拖曳至"素材 1"中,按"Ctrl+T"组合键调整"素材 2"的大小,将其放置合适的位置,如图 4-2-31 所示。

④在"素材 2"上单击右键,弹出对话框,执行"创建剪贴蒙版"命令,如图 4-2-32 所示,效果如图 4-2-22 所示。

图 4-2-23

图 4-2-24

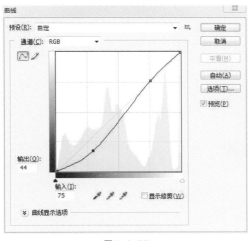

图 4-2-25

图 4-2-26

图 4-2-27

图 4-2-28　　　　　　　　　　　　　　　　　　图 4-2-29

图 4-2-30

图 4-2-31

图 4-2-32

4.3 通道

4.3.1 通道的概念

通道是由遮板演变而来的，也可以说通道就是选区。在通道中，以白色代替透明表示要处理的部分（选择区域）以黑色表示不需处理的部分。因此，通道也与遮板一样，没有其独立的意义，只有在依附于其他图像（或模型）存在时，才能体现其功用。通道的优越之处，在于通道可以完全由计算机来进行处理，也就是说，它是完全数字化的。

4.3.2 通道的功能

①可建立精确的选区。

②可以存储选区和载入选区备用。

③可以制作其他软件（比如 Illustrator、Pagemarker）需要导入的"透明背景图片"。

④可以看到精确的图像颜色信息，有利于调整图像颜色。

⑤方便传输制版。

4.3.3 通道案例（利用通道来抠图）

单纯的通道操作是不可能对图象本身产生任何效果的，必须同其他工具结合，如蒙版工具、选区工具和绘图工具（其中蒙版是最重要的），要想做出一些特殊效果就需要配合滤镜特效、图像调整来一起操作。

①打开"素材 1"，如图 4-3-1 所示，复制素材，"图层"面板如图 4-3-2 所示。

②单击"通道"面板，把鼠标移到绿色通道上，按下左键不要放,把绿色通道拖曳到"图层"面板底部"创建新通道"按钮上，建立"红副本"，如图 4-3-3 所示。

③选中"红副本"，执行"图像—调整—色阶"命令，弹出对话框，参数设置如图 4-3-4 所示，效果如图 4-3-5 所示。

④执行"图像—调整—曲线"命令，弹出对话框，参数设置如图 4-3-6 所示，效果如图 4-3-7 所示。

⑤执行"图像—调整—反相"命令，效果如图 4-3-8 所示。选择画笔工具，前景色设置为白色，使用"尖角"，涂抹"红

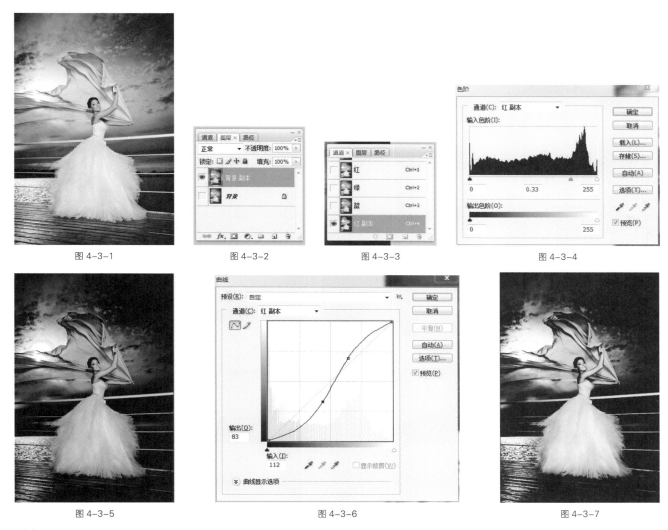

图 4-3-1　　　　　　　图 4-3-2　　　　　　　图 4-3-3　　　　　　　图 4-3-4

图 4-3-5　　　　　　　　　　图 4-3-6　　　　　　　　　　图 4-3-7

副本"，如图 4-3-9 所示。

　　⑥执行"图像—调整—反相"命令，效果如图 4-3-10 所示，选择画笔工具，前景色设置为白色，涂抹"红副本"，

图 4-3-8　　　　　　　　　　图 4-3-9　　　　　　　　　　图 4-3-10

效果如图 4–3–11 所示。

⑦按下“Ctrl”键不松，在红副本“通道缩略图”上单击鼠标左键，效果如图 4–3–12 所示，回到“图层”面板，效果如图 4–3–13 所示。

⑧按“Ctrl+C”、“Ctrl+V”组合键，执行复制、粘贴命令，得到“图层 1”，关闭“背景”、“背景副本”前的“小眼睛”，如图 4–3–14 所示，效果如图 4–3–15 所示。

⑨打开“素材 2”，如图 4–3–16 所示。

⑩回到“素材 1”，选中“图层 1”，执行“图像—调整—匹配颜色”命令，以“素材 2”为颜色匹配“源”，效果如图 4–3–17 所示。

图 4–3–11

图 4–3–12

图 4–3–13

图 4–3–14

图 4–3–15

图 4–3–16

图 4–3–17

⑪拖曳“图层 1”到“素材 2”中，调整其大小及位置，效果如图 4–3–18 所示。

⑫执行“图层—图层蒙版—显示全部”命令，为图层新建蒙版，选择画笔工具，前景色设置为黑色，使用“柔角”，在蒙版上涂抹，如图 4–3–19 所示，效果如图 4–3–20 所示。

图 4-3-18

图 4-3-19

图 4-3-20

第5章　滤镜与动作

学习内容：本章主要讲解滤镜的分类及滤镜特效的制作，动作的概念以及运用动作记录作图过程。

学习重点：理解滤镜的概念，熟练地运用滤镜制作特效。

学习难点：有效分析案例需求，准确选择、使用各种滤镜配合其他工具、命令制作特殊效果。

5.1 滤镜的分类

①杂色滤镜：有5种，分别为"减少杂色"、"蒙尘与划痕"、"去斑"、"添加杂色"、"中间值"滤镜，主要用于矫正图像处理过程（如扫描）的瑕疵。

②扭曲滤镜：是 Photoshop "滤镜"菜单下的一组滤镜，共12种。这一系列滤镜都是用几何学的原理把一幅影像变形，创造出三维效果或其他的整体变化。每一个滤镜都能产生一种或数种特殊效果，但都离不开一个特点——对影像中所选择的区域进行变形、扭曲。

③渲染滤镜可以在图像中创建云彩图案、折射图案和模拟的光反射。也可在 3D 空间中操纵对象，从灰度文件创建纹理填充以产生类似 3D 的光照效果。

④风格化滤镜：是通过置换像素和增加图像的对比度，在选区中生成绘画或印象派的效果。它是完全模拟真实艺术手法进行创作的。在使用"查找边缘"和"等高线"等突出显示边缘的滤镜后，可应用"反相"命令用彩色线条勾勒彩色图像的边缘或用白色线条勾勒灰度图像的边缘。

⑤液化滤镜：可用于推、拉、旋转、反射、折叠和膨胀图像的任意区域。"液化"滤镜可应用于 8 位 / 通道或 16 位 / 通道图像。

⑥模糊滤镜：在 Photoshop 中模糊滤镜效果共包括 11 种滤镜，模糊滤镜可以使图像中过于清晰或对比度过于强烈的区域，产生模糊效果。它通过平衡图像中已定义的线条和遮蔽区域清晰边缘旁边的像素，使变化显得柔和。

5.2 滤镜特效案例

5.2.1 水墨效果的制作

（1）设计要求。

主要通过滤镜（风格化）制作水墨效果，效果如图 5-2-1 所示。

（2）制作步骤。

①打开素材如图 5-2-2 所示。

②在"图层"面板中复制背景图层，如图 5-2-3 所示，执行"图像—调整—去色"命令，效果如图 5-2-4 所示。

③执行"图像—调整—曲线"命令，弹出曲线设置对话框，参数设置如图 5-2-5 所示，单击"确定"按钮，效果如图 5-2-6 所示。

④在"图层"面板中，复制"背景副本"如图 5-2-7 所示,执行"滤镜—风格化—查找边缘"命令，效果如图 5-2-8

图 5-2-1

图 5-2-2

图 5-2-3

图 5-2-4

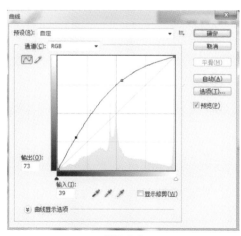

图 5-2-5

图 5-2-6

Photoshop 图 形 图 像 处 理 GRAPHIC & IMAGE PROCESSING——PHOTOSHOP

图 5-2-7

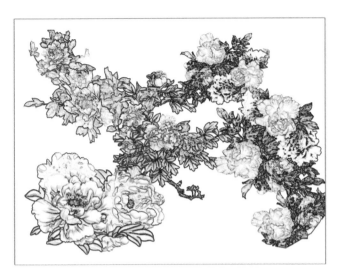

图 5-2-8

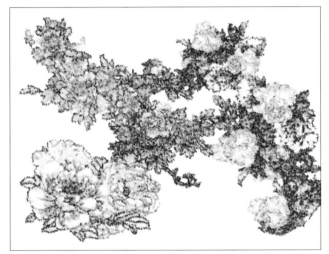

图 5-2-9

图 5-2-10

图 5-2-11

图 5-2-12

所示。

⑤执行"滤镜—风格化—扩散"命令效果,如图 5-2-9
所示,改变"背景副本 2"的混合模式为"正片叠底",
设置如图 5-2-10 所示,效果如图 5-2-11 所示。

⑥在"图层"面板中,将"背景副本 2"的不透明度
设置为 51%,如图 5-2-12 所示,得到效果如图 5-2-13
所示。

⑦复制"背景副本"得到"背景副本 3",参数设置
如图 5-2-14 所示,选择"加深工具"进行画面的调节,
效果如图 5-2-15 所示。

⑧新建"图层 1"如图 5-2-16 所示,前景色设置
如图 5-2-17 所示,按"Alt+Del"键填充"图层 1","图
层 1"的混合模式更改为"正片叠底"如图 5-2-18 所示,
效果如图 5-2-1 所示。

图 5-2-13

图 5-2-14

图 5-2-15

图 5-2-16

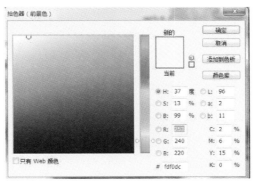

图 5-2-17

图 5-2-18

5.2.2 下雪效果制作

（1）设计要求。

主要通过滤镜（像素化、模糊）制作下雪效果，效果如图 5-2-19 所示。

图 5-2-19

图 5-2-20

（2）制作步骤。

①打开素材如图 5-2-20 所示。

②复制"背景"图层，新建"图层 1"如图 5-2-21 所示，按"Alt+Del"键填充前景色，如图 5-2-22 所示。

图 5-2-21

图 5-2-22

③选中"图层 1"，执行"滤镜—像素化—点状化"命令，参数设置如图 5-2-23 所示，效果如图 5-2-24 所示。

④执行"滤镜—模糊—动感模糊"命令，参数设置如图 5-2-25 所示，效果如图 5-2-26 所示。

⑤"图层"面板中，"图层 1"的混合模式更改为"滤色"设置，如图 5-2-27 所示，效果如图 5-2-28 所示。

⑥选中图层"背景副本"如图 5-2-29 所示，执行"图像—调整—替换颜色"命令弹出对话框，用"吸管"工具吸取草坪颜色，参数设置如图 5-2-30 所示，单击"确定"，效果如图 5-2-19 所示。

图 5-2-23

图 5-2-24

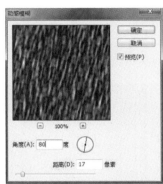

图 5-2-25

图 5-2-26

图 5-2-27

图 5-2-28

图 5-2-29

图 5-2-30

5.2.3 火焰字的制作

（1）设计要求。

主要通过滤镜（液化）制作火焰效果，效果如图 5-2-31 所示。

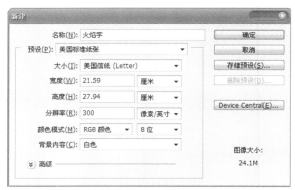

图 5-2-31

图 5-2-32

（2）制作步骤。

① 新建文件，命名为"火焰字"，设置宽为 21.59 厘米，高为 27.94 厘米，分辨率:300 像数 / 英寸，如图 5-2-32 所示。

② 填充背景色为黑色。使用文字工具，字体大小为 290pt，字体为微软简粗黑，输入"P"，如图 5-2-33 所示。

③ 选择文字层，选择"图层样式"，勾选"外发光"，参数设置如图 5-2-34 所示。

④ 选择"颜色叠加"，参数设置如图 5-2-35 所示。

图 5-2-33

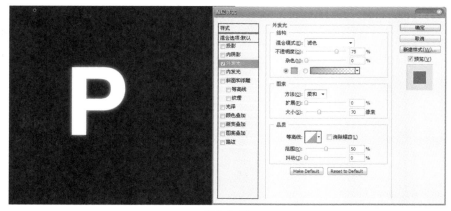

图 5-2-34

⑤选择"光泽",参数设置如图 5-2-36 所示。

⑥ 选择"内发光",混合模式为"颜色减淡",参数设置如图 5-2-37 所示。

⑦右键点击文字层,选择"栅格化图层"。适用 160 像素～200 像素大小的橡皮擦,将上部擦去如图 5-2-38 所示。这里要设置一下流量和不透明度,否则不能达到渐隐效果。

⑧ 选择"滤镜—液化"命令。选择"向前变形工具",在文字边缘制作波浪效果,如图 5-2-39 所示。

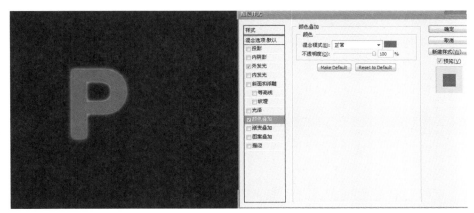

图 5-2-35

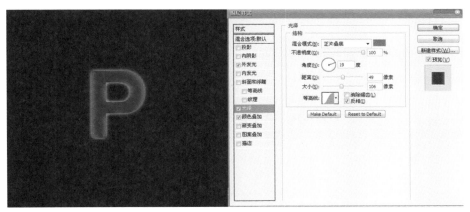

图 5-2-36

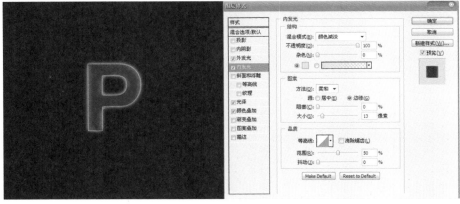

图 5-2-37

图 5-2-38

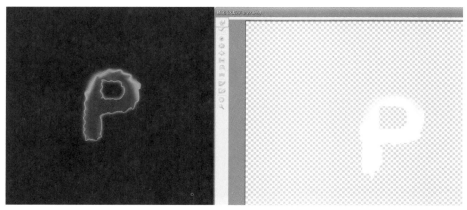

图 5-2-39

⑨打开"火焰"素材。进入"通道"面板,选择绿色层。按住 Ctrl 键同时左键点击绿色层载入高光区,如图 5-2-40 所示。

⑩回到"图层"面板,用移动工具,将选中的区域移动到刚才的文字文件中,将火焰置于文字层上方如图 5-2-41 所示。注:使用通道来载入选区,在移动的时候确保所有通道都是可见的。

⑪使用橡皮擦工具,擦掉所有多余的火焰,只留下在文字周围缭绕的火焰,如图 5-2-42 所示。

⑫复制"火焰"层。将原"火焰"层的不透明度设置为 30%。将复制得到的图层的混合模式设置为"叠加",如图 5-2-43 所示。

⑬复制更多的火焰,达到理想效果,如图 5-2-44 所示。

⑭保存 JPEG 格式,效果如图 5-2-31 所示。

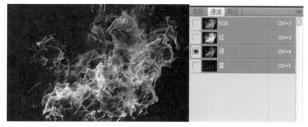

图 5-2-40

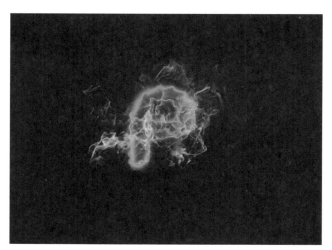

图 5-2-41

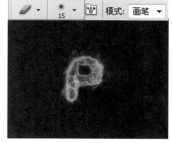

图 5-2-42

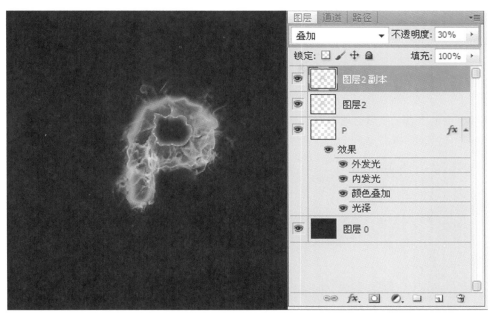

图 5-2-43

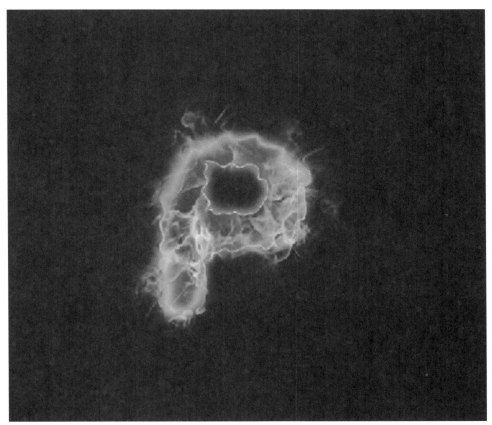

图 5-2-44

5.3 动作介绍

5.3.1 动作

　　用于记录图像命令的工具，使用"动作"可以将用户对图像所做的操作步骤记录在"动作"面板中，当用户需要重复使用该步骤时，播放该动作即可。"动作"面板如图 5-3-1 所示。

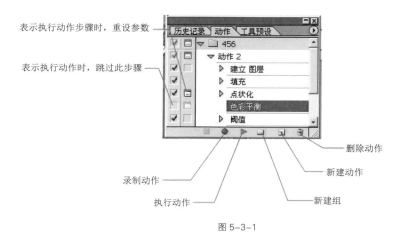

图 5-3-1

5.3.2 创建和记录动作

　　①单击"窗口"在下拉菜单中"动作"前打上"√"，弹出对话框如图 5-3-2 所示。
　　②单击"动作"面板上的"创建新动作"按钮,弹出对话框如图 5-3-3 所示,单击"确定","动作"面板如图 5-3-4 所示。

图 5-3-2

图 5-3-3

图 5-3-4

　　③制作下雨效果，打开素材如图 5-3-5 所示，新建图层，按"Alt+Del"填充前景色，如图 5-3-6 所示，执行"滤镜—像素化—点状化"命令，参数设置如图 5-3-7 所示，效果如图 5-3-8 所示。执行"滤镜—模糊—动感模糊"命令，参数设置如图 5-3-9 所示，效果如图 5-3-10 所示。更改图层的混合模式为"滤色"，不透明度设置为"70%"，效果如图 5-3-11 所示。
　　④单击"动作"面板上的"停止记录"按钮,制作下雨效果的过程被记录在"动作"面板上,如图 5-3-12 所示。
　　⑤打开需要制作下雨效果的新素材，如图 5-3-13 所示，单击"动作"面板上的"播放选定动作"按钮，下雨效果被瞬间制作出来，如图 5-3-14 所示。

图 5-3-5

图 5-3-6

图 5-3-7

图 5-3-8

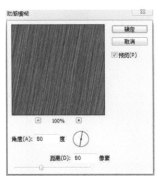

图 5-3-9

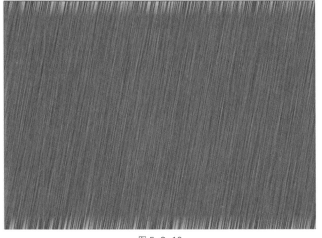

图 5-3-10

图 5-3-11

图 5-3-12

图 5-3-13

图 5-3-14

第6章　综合案例

6.1 时尚海报的制作

（1）设计要求。

运用 Photoshop 工具、特效等功能完成时尚海报制作，要求画面编排合理，色彩鲜艳。

（2）效果展示，如图 6-1-1 所示。

图 6-1-1

（3）制作步骤。

①新建文件，命名为"时尚海报设计"，宽度为 10 英寸，高度为 14 英寸，分辨率为 300 像素/英寸，按"确定"按钮，如图 6-1-2 所示。

②新建"图层 1"，设定前景色 RGB 分别为 0，147，250，如图 6-1-3 所示。选择油漆桶工具，填满颜色。

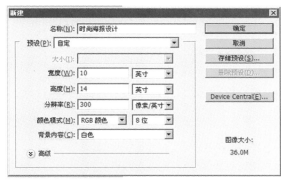

图 6-1-2

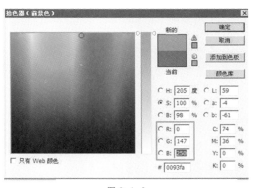

图 6-1-3

③新建"图层 2",选择自定义形状工具如图 6-1-4 所示,选择星形图案,如图 6-1-5 所示,在"图层 2"上绘制星星,如图 6-1-6 所示。

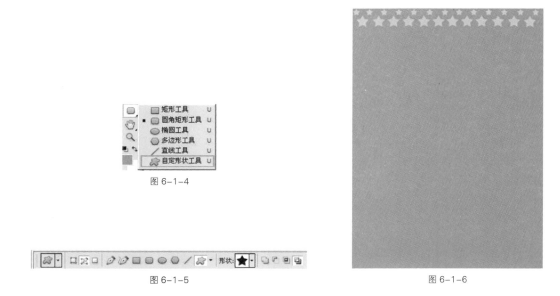

图 6-1-4

图 6-1-5

图 6-1-6

④新建"图层 3",使用相同的方式绘制星星,复制"图层 2"与"图层 3",最后"Ctrl+E"合并图层,命名为"图层 2",如图 6-1-7 所示。

⑤新增"图层 3",使用多边形索套工具，在"图层 3"中绘制放射性的图形，设定前景色 RGB 分别为 102,204,255。使用油漆桶工具填满颜色,取消选择,复制图层,使用"Ctrl+T"组合键任意变形并结合旋转工具完成图像,如图 6-1-8 所示。

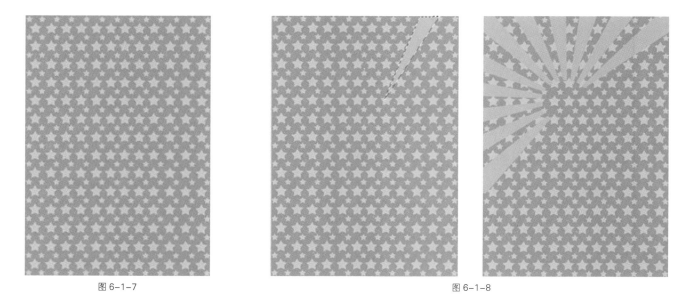

图 6-1-7

图 6-1-8

⑥新建"图层 4",使用椭圆形选取工具,绘制多个圆如图 6-1-9 所示。

⑦新建"图层 5",设定前景色为白色,选择自定义形状工具，选择星形,建立不透明度为 50%,复制该图层,完成制作如图 6-1-10 所示。

图 6-1-9　　　　　　　　　　　　　　　　　　　　　图 6-1-10

⑧新建"图层 6"，选择钢笔工具，在画面上绘制图形，"Ctrl+Enter"键载入选取，设定前景色 RGB 分别为 143，97，80。使用油漆桶工具，填满颜色，取消选择。将该图层不透明度设置为 50%，复制该图层，将影像向右上方移动，合并图层如图 6-1-11 所示。

⑨新建"图层 7"，按住 Alt 键点选"图层 6"和"图层 7"的交界处，指针会变成两个重叠的圆形，点击即可建立剪裁遮色片，选择渐变工具，打开"渐变编辑器"，从左至右 RGB 颜色依次为左：211，147，114，右：102，42，19。拖曳鼠标，完成渐变，如图 6-1-12 所示。

图 6-1-11　　　　　　　　　　　　　　　　　　　　　图 6-1-12

⑩新建"图层 8"，设定前景色为白色，选择画笔工具，选择较为柔和的笔刷，在画面中间绘制白色。新建"图层 9"，使用自定义形状工具，选择星形，在画面中绘制，并选择个别星星加以描边处理，如图 6-1-13 所示。

⑪新建"图层 10"，设定前景色 RGB 分别为 0，205，249。选择圆角矩形工具，绘制图形，使用油漆桶工具，填充颜色。使用画笔工具，设定画笔颜色 RGB 为 0，98，198。在圆角图形处绘制阴影，最后按"Ctrl+D"组合键取消选择，如图 6-1-14 所示。

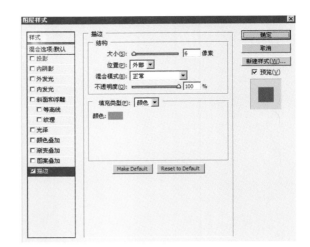

图 6-1-13

图 6-1-14

⑫新建"图层 11"，选择画笔工具，在画面中绘制圆点，画笔大小为 48，RGB 分别为 3，104，255，如图 6-1-15 所示。

⑬复制多个图形，使用"Ctrl+T"组合键进行缩放、旋转等动作，让图形配合画面，使其更加灵动。合并图层，如图 6-1-16 所示。

图 6-1-15   图 6-1-16

⑭选择"图层 11"，为其制作投影效果，如图 6-1-17、图 6-1-18 所示。

⑮新建"图层 12"，设定前景色 RGB：0，132，255，点选多边形索套工具，在画面中绘制长条图案并填充。复制"图层 12"，并命名为"图层 13"，修改 RGB 颜色为 13，48，255，如图 6-1-19 所示。

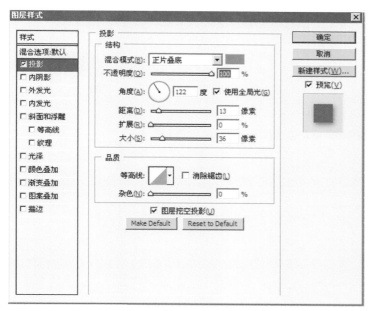

图 6-1-17

图 6-1-18

图 6-1-19

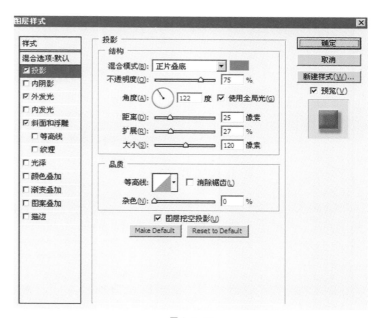

图 6-1-20

⑯选择"图层 12",为其添加投影、外发光、斜面浮雕等特效。如图 6-1-20 至图 6-1-22 所示。

⑰选择文字工具 T,输入文字并复制文字,移动到第二个矩形条中,如图 6-1-23 所示。

⑱新建"图层 14",选择多边形索套工具 ,在倾斜的矩形下方建立三角形,设定 RGB 颜色为 97,187,250。选择油漆桶工具,填满画面,如图 6-1-24 所示。

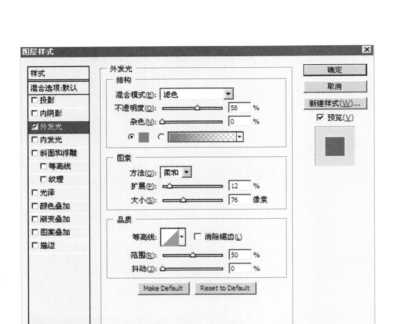

图 6-1-21

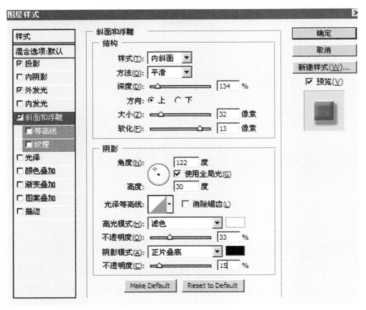

图 6-1-22

图 6-1-23

图 6-1-24

⑲复制"图层11"并连续复制,结合"Ctrl+T"组合键进行缩放,旋转放置画面。新建"图层15",选择多边形索套工具，在倾斜的矩形下方建立长方形形，设定RGB颜色为13，48，229。选择油漆桶工具，填满画面如图6-1-25所示。

⑳合并可见图层,选择圆角矩形工具，在画面中建立矩形路径,选择反选,Delete键删除,取消选择。新建"图层16",设定前景色为白色,使用油漆桶工具填满画面,如图6-1-26所示。

图 6-1-25

图 6-1-26

㉑新建"图层16",设定前景色为白色,使用画笔工具,选择较硬的笔刷样式,在画面的左下角绘制云朵的效果。选择矩形选框工具,在画面的上方中间位置绘制长方形,按Delete键,执行"删除"命令,效果如图6-1-27左下角所示。

㉒新建"图层17",选择自定义形状工具，根据画面需要,选择花边的形状,制作花边的效果。复制花边图形,

并按住"Ctrl+T"组合键调整大小，将它们分别放置与画面的两边如图 6-1-28 所示。

㉓选择自定义形状工具 ，在选择器中选择图形，绘制图形，如图 6-1-29 所示。

㉔选择文字工具，在画面的上方输入"Fashion Poster"。画面的下方可以根据需要输入文字，最后保存 JPEG 格式，如图 6-1-1 所示。

图 6-1-27

图 6-1-28

■▶	指向右侧
◀■	指向左侧
✤	百合花饰
〜	装饰 1
▦	装饰 2
▨	装饰 3
✛	装饰 4
⚬	装饰 5
⊗	装饰 6
✦	装饰 7
▨	装饰 8
▨	叶形装饰 1
🐾	叶形装饰 2
🐾	叶形装饰 3
⚘	花形装饰 1
✿	花形装饰 2
⚘	花形装饰 3
✳	花形装饰 4

图 6-1-29

6.2 地产广告的制作

（1）设计要求。

此样例主要使用 Photoshop 工具中的文字、特效、蒙版等工具完成房地产海报设计。通过戏剧人物营造氛围，吸引眼球。主要锻炼学生的运用能力。

（2）效果展示，如图 6-2-1 所示。

图 6-2-1

（3）制作步骤。

①新建文件，命名为"绿地集团房产促销海报"，宽度为 40 厘米，高度为 28 厘米，分辨率为 300 像素/英寸，如图 6-2-2 所示。

②将素材"背景"图片放置于文件中，调整好位置如图 6-2-3 所示。

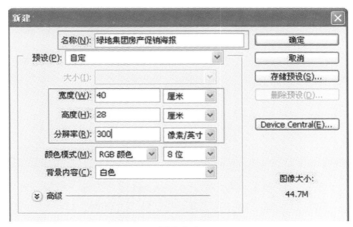

图 6-2-2

图 6-2-3

③将素材"屋子 1.jpg"至"屋子 4.jpg"放置于文件中，调整好位置如图 6-2-4 所示。

图 6-2-4

④选择"屋子 1.jpg"至"屋子 4.jpg"，选择添加图层蒙版，使用画笔工具 ✏️ 进行绘制，调节"屋子 1"与"屋子 2"的透明度，分别是 60%，50%，选择"屋子 1"至"屋子 4"层，执行"图像—调整—去色"命令，如图 6-2-5 所示。

⑤将素材"人物"图片与"祥云 1"至"祥云 5"图片分别放入文件中，排列好位置如图 6-2-6 所示。

⑥将素材"奇峰"图片放入到文件中，调节不透明度为 20%，如图 6-2-7 所示。

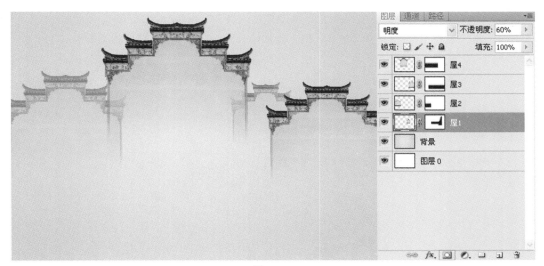

图 6-2-5

图 6-2-6

图 6-2-7

⑦新建图层，命名为"图层1"，选择矩形选取框工具，填充"白色"，如图6-2-8所示。

⑧导入"绿地集团LOGO"，使用文字工具，输入基本信息，保存JPEG格式，如图6-2-9所示。

图 6-2-8

图 6-2-9

6.3 DM 封面的制作

（1）设计要求。

此样例主要透过背景和人物，形成强烈的空间感，使用钢笔工具画笔工具绘制不同图形，最后输入文字并进行合理的编排，达到完美的版式效果。

（2）效果展示，如图 6-3-1 所示。

图 6-3-1

（3）制作步骤。

①新建文件,命名为"DM 封面制作",宽度为 10 英寸,高度为 9 英寸,分辨率为 300 像素 / 英寸,按"确定"按钮,如图 6-3-2 所示。

图 6-3-2

②选择"背景"图层，选择渐变工具，径向渐变如图 6-3-3 所示，在对话框中设定颜色由左至右 RGB 分别为 R：252、G：152、B：9，R：246、G：249、B：6，R：251、G：241、B：251，按"确定"按钮。在画面中填满由上至下的放射性渐变，如图 6-3-4、图 6-3-5 所示。

③打开 01.jpg,选择"编辑—定义图案"对话框,按"确定"按钮。将 01.jpg 设置为定义图像,如图 6-3-6 所示。

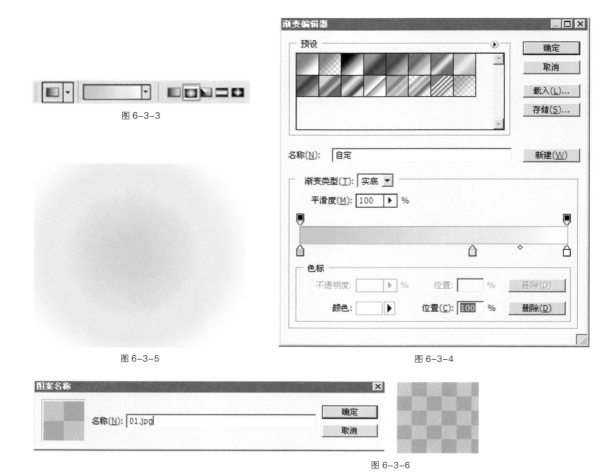

图 6-3-3

图 6-3-5

图 6-3-4

图 6-3-6

④新建 "图层 1"，使用油漆桶工具，在油漆桶工具属性栏中选择 "图案"，填满刚才设定的自定义图像，如图 6-3-7 所示。

⑤选择 "图层 1"，在 "图层" 面板中设定图层混合模式为 "叠加"，如图 6-3-8 所示。

图 6-3-7

图 6-3-8

⑥新建"图层 2",使用椭圆形选取工具,在选项中设定羽化值为 15 像素,绘制圆,填充颜色为 R：90、G：200、B：246,取消选择,如图 6-3-9 所示。

⑦使用相同的方式,新建"图层 4"、"图层 5",在画面中建立羽化范围,分别填充颜色,如图 6-3-10 所示。

图 6-3-9

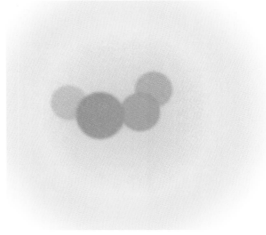

图 6-3-10

⑧新建"图层 6",打开素材文件,将 02.png,移动到文件中,如图 6-3-11 所示,将"图层 6"移至"图层 1"的上方,设定其图层混合模式为"线性加深",不透明度设置为 15%,如图 6-3-12 所示。

图 6-3-11

图 6-3-12

⑨新建"图层 7",将素材文件夹中的"人物 .jpg"拖曳到文件中,添加"投影",如图 6-3-13、图 6-3-14 所示。

图 6-3-13

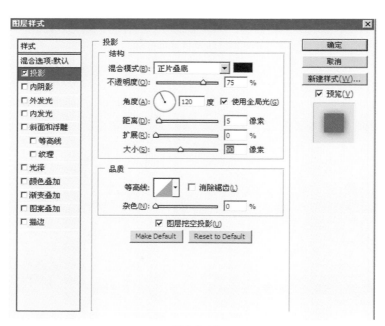

图 6-3-14

⑩选择素材文件夹中的"02.png"，将花朵拖曳至文件中，使其成为"图层 8"，缩放花朵，将其放置于人物背后，将"图层 8"移至"图层 7"下方，如图 6-3-15、图 6-3-16 所示。

⑪复制"图层 8"，将其改为"图层 9"。使用磁性索套工具，将花朵的上半部分建立选区，选择反选，并使用"Ctrl+T"组合键进行花朵翻转，同时按住 Shift 键，适当的旋转花朵，放在人物脸部下面，如图 6-3-17 所示。

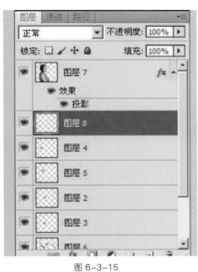

图 6-3-15

图 6-3-16

图 6-3-17

图 6-3-18

　　⑫新建"图层 10"，使用钢笔工具，在人物右边绘制花纹路径，按"Ctrl+Enter"组合键，将路径转换为选取范围，填充白色，取消选择，如图 6-3-18 所示。

　　⑬选择"图层 10"，打开图层样式的混合选项，点选"外发光"面板，设定外发光的各项参数，其外光晕的颜色为 R：250、G：216、B：16，按下"确定"按钮，如图 6-3-19 所示。将"图层 10"移至"图层 7"下方。

　　⑭新建"图层 11"，使用钢笔工具，为图片绘制白色曲线花纹，按"Ctrl+Enter"组合键，将路径转换为选取范围，填充白色，取消选择，将"图层 11"移至"图层 7"下方，如图 6-3-20 所示。

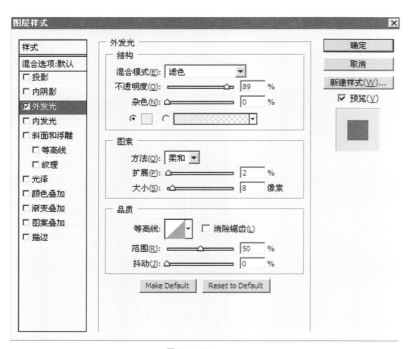

图 6-3-19

图 6-3-20

⑮打开素材文件夹，将 04.png 放置文件中，使其成为"图层 12"，放置于人物的下方，使用"Ctrl+T"组合键调节花朵大小，如图 6-3-21 所示。

图 6-3-21

⑯新建"图层 13"，选择画笔工具，在笔刷设定中选择柔和型，大小设定为 3 像素，选择钢笔工具，在画面的右下方绘制一条曲线，并右单击，弹出右键菜单，选择"描边路径"，选择"画笔"，按"确定"按钮。此时路径变成白色路径。使用相同的方法，在绘制两条相同的白色曲线。如图 6-3-22 至图 6-3-24 所示。

图 6-3-22

图 6-3-23

图 6-3-24

⑰打开"图层样式"下的混合选项器,选择"外发光",设定颜色为白色,不透明度为 40%,图案的大小为 10 像素,范围为 24%,按下"确定"按钮。此时线条周围出现白色的光芒,如图 6-3-25 所示。

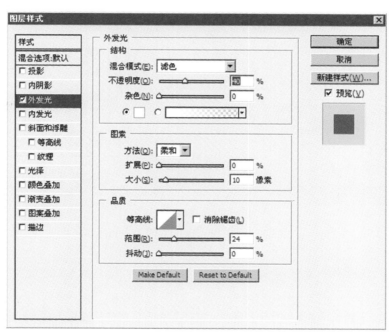

图 6-3-25

⑱复制"图层13",重命名为"图层14",选择"图像—图像旋转—水平翻转画布",适当的旋转线条,放在人物下面,如图 6-3-26 所示

⑲新建"图层15",选择"圆形1"笔刷,如图 6-3-27 所示,在画面中连续复制制作交叉底纹,如图 6-3-28 所示。

图 6-3-26

图 6-3-28

图 6-3-27

⑳新建"图层16",选择"交叉排线1"笔刷,如图 6-3-29 所示,在画面中连续复制制作交叉底纹,如图 6-3-30 所示。

㉑新建"图层17",设定前景色为白色,使用文字工具,输入"DIAMOND"在"字符"面板中设置文字样式与大小,如图 6-3-31 所示。

㉒选择"DIAMOND"图层,右键菜单选择"栅格化文字"命令,将文字图层转换为一般图层,选择矩形选取框工具□,在"I"与"N"上建立矩形选取范围,完成后按"Ctrl+D"组合键取消选择,如图 6-3-32 所示。

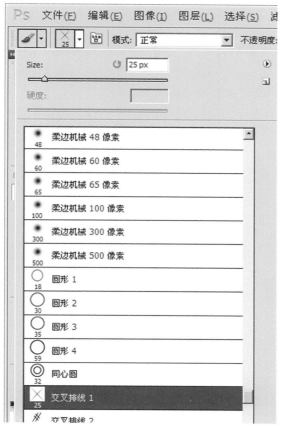

图 6-3-29

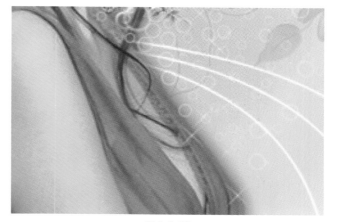

图 6-3-30

图 6-3-32

图 6-3-31

㉓选择文字工具，在画面的上方输入"2013.8"。新建"图层 18"，使用画笔工具绘制蝴蝶，如图 6-3-33 所示。

图 6-3-33

㉔新建"图层 19",选择矩形选取框工具 ,在画面的右下角建立一个矩形选区范围,在范围中填色,R:155、G:131、B:0,设定该图层的不透明度为 75%,如图 6-3-34 所示。

㉕选择文字工具,在半透明的矩形中输入相关文字,根据需要修改文字的大小颜色。如图 6-3-35 所示。

㉖打开素材文件夹,选择 05.jpg,将条码拖曳到画面中,使用"Ctrl+T"组合键对条码进行相对应的旋转缩放,使用移动工具进行移动,将条码放置于适当的位置,保存 JPEG 格式输出,如图 6-3-1 所示。

图 6-3-34

图 6-3-35

6.4 标志的制作

(1)设计要求。

制作出标志的空间体积感,以及标志边框的金属渐变制作。在制作中,要求标志具有一定感染力,视觉保存平衡,能兼具动态、静态之美。组合中考虑协调性;标志与文字编排都要具有金属感。

(2)效果展示,如图 6-4-1 所示。

图 6-4-1

（3）制作步骤。

①新建文件，命名为"标志设计"，宽度为 15 英寸，高度为 7.5 英寸，分辨率为 300 像素／英寸，按"确定"按钮，如图 6-4-2 所示。

②按住快捷键"Ctrl+R"，显示标尺。点选移动工具，从左边的标尺中拖曳出参考线，放置于画面的中心，如图 6-4-3 所示。

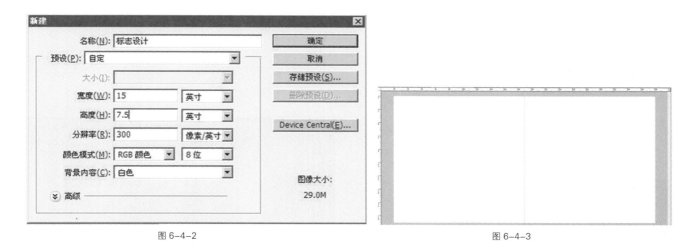

图 6-4-2　　　　　　　　　　　　　　　　　　　　　图 6-4-3

③新建"图层 1"，根据参考线，点选矩形选取框工具，在画面沿着参考线右边的影像中建立一个矩形选取框，设定前景色为黑色，使用油漆桶工具填充颜色如图 6-4-4 所示。

④新建"图层 2"，点选矩形选取框工具，在黑色中建立选取范围，点击鼠标右键，选择"变换选区"，出现任意变形控制框，调整其形状，最后按 Enter 键，如图 6-4-5 所示。

图 6-4-4　　　　　　　　　　　　　　　　　　　　　图 6-4-5

⑤将前景色设定为 R：200、G：0、B：33，按快捷键"Alt+Delete"填满前景色，按快捷键"Ctrl+D"取消选择。新建"图层 3"，将前景色设定为 R：230、G：49、B：0，使用同样的方法，在方形中建立选取，在填满颜色，按快捷键"Ctrl+D"取消选择。选择"图层 3"，选择"图层样式"，选择"投影"。如图 6-4-6 所示。

⑥新建"图层 4"，将前景色设定为 R：255、G：30、B：47，选择笔刷工具，在方形中间绘制方点，打开"图层样式"窗口，设定"外发光"将光晕的颜色设定为 R：157、G：0、B：0，"大小"为 39 像素，如图 6-4-7 所示，单击"确定"按钮，此时的图像会显得更为柔和，如图 6-4-8 所示。

图 6-4-6

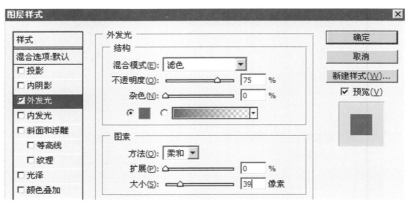

图 6-4-7

图 6-4-8

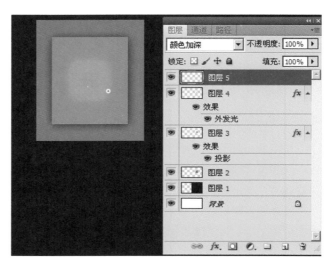

图 6-4-9

⑦新建"图层 5"，选择笔刷工具 ✐，设定前景色 R：254、G：16、B：14，使用柔边方形在方形中间涂抹，然后将图层模式更改为"颜色加深"，如图 6-4-9 所示。

⑧新建"图层 6"，打开素材文件，将"01.psd"移动到文件中调整好大小，放置于合适位置，如图 6-4-10 所示。

图 6-4-10

⑨新建"图层 7"，选择笔刷工具 ✐，设定前景色 R：135、G：0、B：29，在方形周围绘制阴影，然后将"图层 7"的混合模式修改为"颜色加深"以增加层次感，如图 6-4-11 所示。

图 6-4-11

⑩新建"图层 8",选设定前景色为白色,选择钢笔工具 ,在方形上绘制亮部效果路径,选择"载入路径",使用油漆桶填满前景色,将不透明度设置为 50%,按快捷键"Ctrl+D"取消选择,如图 6-4-12 所示。

⑪选择"图层 8",点击图层下方的遮罩按钮 ,选择画笔工具,将前景色设定为黑色,画笔不透明度为 30%,根据需要擦除画面中过亮的部分,使画面具有层次感,使用相同的方式,制作多处亮部效果,如图 6-4-13 所示。

图 6-4-12　　　　　　　　　　　　　　　　　　　　　　　　　　图 6-4-13

⑫新建"图层 9",建立方形选区,选择渐变工具 ,从左至右的颜色为 R：202、G：176、B：139，R：230、G：239、B：193，由下往上滑动鼠标如图 6-4-14 所示。

⑬新建"图层 10",选择矩形选取框 ,只选取右半边形状,选择渐变工具,在渐变对话框中设定渐变颜色为 R：222、G：198、B：154，R：62、G：38、B：10，从右拖曳鼠标形成渐变色,快捷键"Ctrl+D"取消选择,将该图层的模式更改为"强光",如图 6-4-15 所示。

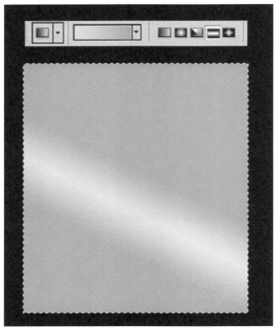

图 6-4-14

图 6-4-15

　　⑭选择"图层 10",复制该图层,使用快捷键"Ctrl+T"自由变化图像,缩小复制图层,然后选择"图层 10 副本"、"图层 10"、"图层 9",将它们拖曳至"图层 2"下面,如图 6-3-16 所示。

　　⑮选择"图层 10 副本"、"图层 10"、"图层 9",合并图层,重新命名为"图层 9"。选择图层样式,在"投影"、"内阴影"、"斜面与浮雕"中进行设置,如图 6-4-17 所示。

图 6-4-16

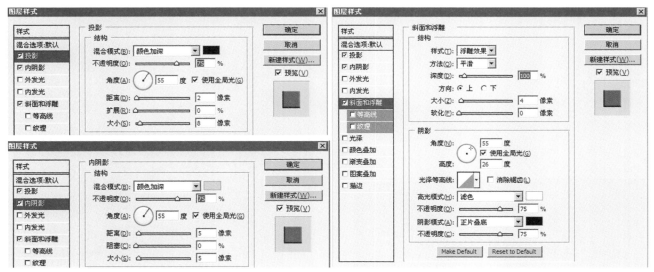

图 6-4-17

⑯新建"图层10",按住 Alt 键,点选"图层10"与"图层9"的交界处,建立遮罩,选择笔刷工具 ✎,设定前景色为 R：148、G：97、B：77,在画面边缘绘制,增加其金属感,如图 6-4-18 所示。

⑰选择文字工具,在标志下输入"百合园",设定文字的颜色为 R：255、G：176、B：82,如图 6-4-19 所示。

图 6-4-18

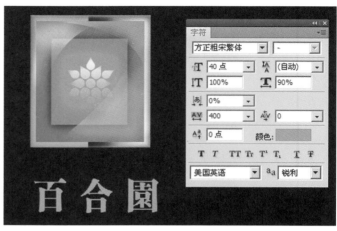

图 6-4-19

⑱选择文字层,打开"图层样式"面板,在对话框中选择"投影"、"渐变叠加",参数设置如图 6-4-20 所示。

⑲选择文字工具,一次输入"城市高端住宅"以及"Lily Garden",复制百合园的图层样式,最终效果如图 6-4-21 所示。

⑳保存 JPEG 格式文件,标志设计制作完成,如图 6-4-21 所示。

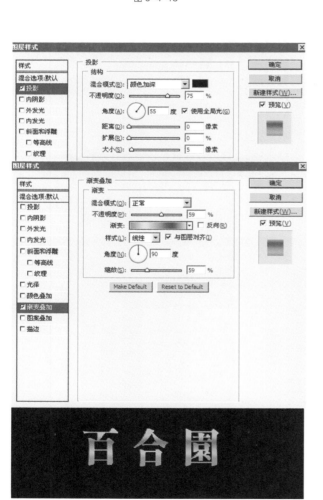

图 6-4-20

图 6-4-21

6.5 新年招贴制作

（1）设计要求。

此案例要求灵活运用 Photoshop 工具中的文字、选择工具、填充工具、特效等工具。主题突出，色彩统一鲜明，视觉保存平衡，能兼具动态、静态之美。

（2）效果展示，如图 6-5-1 所示。

图 6-5-1

图 6-5-2

（3）制作步骤。

①新建文件，命名为"2013 新年海报设计"，宽度为 20 厘米，高度为 26 厘米，分辨率为 300 像素 / 英寸，如图 6-5-2 所示。

②将素材"底纹"图片导入到文件中，如图 6-5-3 所示。

图 6-5-3

③将素材"万事如意.PSD"、"鱼.PSD"、"花纹.PSD"导入到文件中，新建文件夹，命名为"万事如意"，将所有素材拖入其中，如图 6-5-4 所示。

④使用文字工具 🔳，输入中文"农历癸巳【蛇】年"，"Please accept my sincere wishes for the New Year.I hope you will continue to enjoy good health."。如图 6-5-5 所示。

图 6-5-4

图 6-5-5

⑤新建"图层 1"，使用钢笔工具 🔳，抠出图形，打开"路径"面板，点选路径，选择"将路径作为选区载入"如图 6-5-6 所示。

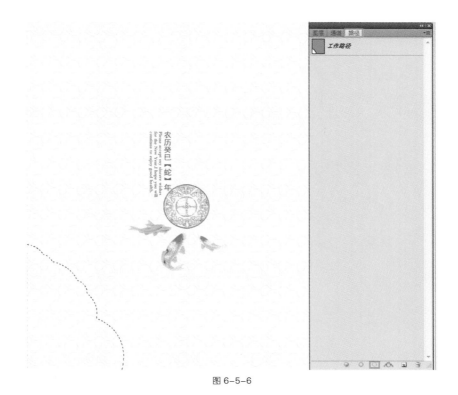

图 6-5-6

⑥使用渐变工具填充■设置线性渐变，A 为 R：109、G：0、B：10，B 为 R：184、G：0、B：28，如图 6-5-7 所示。

⑦复制"图层 1"，用油漆桶填充黄色，R：192、G：131、B：0，如图 6-5-8 所示。

图 6-5-7

图 6-5-8

⑧将"图层1副本"放置于"图层1"之下,"图层1副本"向右上角移动,设置颜色为白色的画笔工具 ,在"图层1副本"上绘制白色高光部分,如图6-5-9所示。

⑨将文件"蛇.PSD"导入进文件,放置图中,如图6-5-10所示。

⑩复制"蛇"图层,产生"蛇副本"图层,按住Ctrl+Alt组合键,选中"蛇副本",选择渐变工具,A为R:247、G:

图 6-5-9

图 6-5-10

250、B：0，B 为 R：255、G：255、B：255，填充。将"蛇副本"放置与"蛇"图层下面，调节不透明度为 50%，如图 6-5-11、图 6-5-12 所示。

⑪用文字工具输入"新年快乐"，放置图中，如图 6-5-13 所示。

⑫保存 JPEG 格式，输出文件如图 6-5-14 所示。

图 6-5-11

图 6-5-12

图 6-5-13

图 6-5-14